练习

Eureka Math®
四年级掌握度

Great Minds PBC is the creator of Eureka Math®,
Wit & Wisdom®, Alexandria Plan™, and PhD Science™.

Published by Great Minds PBC. greatminds.org

Copyright © 2020 Great Minds PBC. All rights reserved. No part of this work may be reproduced or used in any form or by any means—graphic, electronic, or mechanical, including photocopying or information storage and retrieval systems—without written permission from the copyright holder.

ISBN 978-1-64929-279-7

1 2 3 4 5 6 7 8 9 10 CCD 25 24 23 22 21 20

Printed in the USA

学习•练习•成功

Eureka Math® 的学生材料单位的故事® (K-5) 在可在学习、实践和成功三部曲中获得。该系列丛书支持差异化和矫正,同时保持学生资料条理清晰且易于使用。教育工作者会发现本学习、练习和成功系列还提供连贯并且的因而,更有效的资源,用于干预响应(RTI),额外练习和夏季学习。

学习

Eureka Math 学习充当学生的课堂同伴,他们每天展示自己的思想,分享他们知道的内容并观察每日的知识积累。学习汇集日常课堂作业——应用题,课堂反馈条,习题集,模板——一切尽在易于保存和浏览的卷中。

练习

每 Eureka Math 课程从一系列充满活力的欢乐流利活动开始,包括 Eureka Math 实践。数学方面熟练的学生可以更深入地掌握更多材料。运用实践,学生将掌握新习得的技能,并加强以前的学习,为下一堂课做准备。

携起手来,学习和实践提供学生将用于其核心数学教学的所有印刷材料。

成功

Eureka Math 成功课程使学生能够通过独立学习而逐步掌握。这些额外的习题集使每节课与课堂教学保持一致,使其成为家庭作业或额外练习的理想选择。每个习题集都有一个家庭作业助手,这是一组工作示例,说明如何解决类似的问题。

老师和辅导员可以使用上一年级的成功课本,作为填补基础知识空白的与课程设置一致的工具。随着熟悉的模型促进与当前年级内容的联系,学生将蓬勃发展,并更快地进步。

学生，家庭和教育工作者：

谢谢您参与 *Eureka Math*® 社区，我们在此庆祝数学给我们带来的乐趣，奇迹和兴奋。我们表现出兴奋的最明显方式之一是借助尤里卡数学练习。

什么是流利的数学？

您可能会想到流利度与语言艺术有关，它指的是熟练的说和写。在幼儿园直至五年级，Eureka Math 课程包含多个日常建立数学流利度的机会。每个机会的设计理念都相同——培养每个学生轻松应用数学的能力。流利体验通常是快节奏且充满活力的，庆祝进步，并专注于识别材料中的模式和联系。它们不用于评分。

Eureka Math 流利活动通过多种形式提供了与众不同的实践——有些是口头进行的，有些是具有操作性的，有些则是使用个人白板，而另一些则采用讲义和纸笔形式。尤里卡数学练习为每个学生提供他或她年级的印刷的流利练习。

什么是短跑冲刺(Sprint)？

许多印刷流利活动都采用我们称为短跑冲刺(Sprint)的形式。这些练习利用已经掌握的技能来提高速度和准确性。当学生接近最佳水平时，短跑冲刺会利用速度来建立低风险的肾上腺素增强功能，从而增加记忆力和回忆率。它们的精心设计使Sprint具有与众不同的内在特性。习题从简单到复杂，第一象限的习题是最简单的，而随后的每个象限都增加了复杂性。此外，习题序列的精心模式会吸引学生更高层次的思维能力。

建议实现短跑冲刺的形式要求学生以相同的技能进行两个连续的短跑冲刺Sprint（标记为A和B），每个时间为一分钟。学生在Sprint之间停顿一下，以阐述他们在进行第一个Sprint时注意到的模式。注意到这些模式通常会自然提高其在第二次冲刺Sprint中的表现。

冲刺也可以使用不计时方案进行。当学生仍处于习题第一象限复杂程度的信心建立阶段时，强烈建议使用不计时方案。在所有学生都准备好成功冲刺时，那么借助定时协议的能量来提高速度和准确性通常是受到欢迎和鼓舞的。

我在哪里可以找到其他掌握度活动？

Eureka Math 教师版指导教师进行每节课的所有流利活动，包括不需要印刷材料的活动。此外，Eureka Math 套装提供对所有年级水平的流利活动的访问，可以按标准或课程进行搜索。

祝愿您在一年中拥有满满的美好回忆！

Jill Diniz
数学主任
Great Minds

内容

模块 1

第1课：乘以和除以10冲刺练习 3

第3课：乘以3 冲刺练习 7

第5课：乘以4 冲刺练习 11

第8课：找到中点冲刺练习 15

第10课：四舍五入精确到10,000 冲刺练习 19

第16课：将米和厘米转换为厘米冲刺练习 23

模块2

第4课：用米和厘米填写模式表 29

第5课：转换为千克和克冲刺练习 31

模块3

第3课：平方和未知因素冲刺练习 37

第7课：10、100和1,000的倍数的乘法冲刺练习 41

第13课：乘法心算冲刺练习 45

课19：除法心算冲刺练习 49

第21课：带余数的除法冲刺练习 53

第27课：圈出质数冲刺练习 57

第31课：除法冲刺练习 61

模块5

第6课：整数乘以分数冲刺练习 67

第21课：减分数冲刺练习 71

第22课：加分数冲刺练习 75

第30课：将分数化为带分数冲刺练习 79

模块4不包含任何冲刺练习或打印的掌握度组件。可以在教师版中找到模块4中的所有掌握度活动，并且无需纸本即可完成。

Copyright © Great Minds PBC

第31课：将分数化为带分数冲刺练习 83

第33课：将带分数化为分数冲刺练习 87

第34课：将带分数化为分数冲刺练习 91

第39课：整数乘以分数冲刺练习 95

模块6

第1课：除以10 冲刺练习 101

第4课：写分数和小数冲刺练习 105

第8课：写分数和小数冲刺练习 109

第16课：加小数冲刺练习 113

模块7

第1课：转换为美元冲刺练习 119

第2课：核心掌握度练习集A–D 123

第5课：转换长度单位冲刺练习 131

四年级

模块1

A

单位的故事　　　　　　　　　　　　　第1课冲刺练习　4•1

答对数目：_____

10的乘除

1.	2 × 10 =		23.	___ × 10 = 100	
2.	3 × 10 =		24.	___ × 10 = 20	
3.	4 × 10 =		25.	___ × 10 = 30	
4.	5 × 10 =		26.	100 ÷ 10 =	
5.	1 × 10 =		27.	50 ÷ 10 =	
6.	20 ÷ 10 =		28.	10 ÷ 10 =	
7.	30 ÷ 10 =		29.	20 ÷ 10 =	
8.	50 ÷ 10 =		30.	30 ÷ 10 =	
9.	10 ÷ 10 =		31.	___ × 10 = 60	
10.	40 ÷ 10 =		32.	___ × 10 = 70	
11.	6 × 10 =		33.	___ × 10 = 90	
12.	7 × 10 =		34.	___ × 10 = 80	
13.	8 × 10 =		35.	70 ÷ 10 =	
14.	9 × 10 =		36.	90 ÷ 10 =	
15.	10 × 10 =		37.	60 ÷ 10 =	
16.	80 ÷ 10 =		38.	80 ÷ 10 =	
17.	70 ÷ 10 =		39.	11 × 10 =	
18.	90 ÷ 10 =		40.	110 ÷ 10 =	
19.	60 ÷ 10 =		41.	30 ÷ 10 =	
20.	100 ÷ 10 =		42.	120 ÷ 10 =	
21.	___ × 10 = 50		43.	14 × 10 =	
22.	___ × 10 = 10		44.	140 ÷ 10 =	

第1课：　　表达乘法等式比较。

Copyright © Great Minds PBC

B

单位的故事 　　　　第1课：　　　　第1课冲刺练习　4•1

答对数目：_____

改善：_____

10的乘除

1.	1个 × 10 =	
2.	2 × 10 =	
3.	3 × 10 =	
4.	4 × 10 =	
5.	5 × 10 =	
6.	30 ÷ 10 =	
7.	20 ÷ 10 =	
8.	40 ÷ 10 =	
9.	10 ÷ 10 =	
10.	50 ÷ 10 =	
11.	10 × 10 =	
12.	6 × 10 =	
13.	7 × 10 =	
14.	8 × 10 =	
15.	9 × 10 =	
16.	70 ÷ 10 =	
17.	60 ÷ 10 =	
18.	80 ÷ 10 =	
19.	100 ÷ 10 =	
20.	90 ÷ 10 =	
21.	__ × 10 = 10	
22.	__ × 10 = 50	

23.	__ × 10 = 20	
24.	__ × 10 = 100	
25.	__ × 10 = 30	
26.	20 ÷ 10 =	
27.	10 ÷ 10 =	
28.	100 ÷ 10 =	
29.	50 ÷ 10 =	
30.	30 ÷ 10 =	
31.	__ × 10 = 30	
32.	__ × 10 = 40	
33.	__ × 10 = 90	
34.	__ × 10 = 70	
35.	80 ÷ 10 =	
36.	90 ÷ 10 =	
37.	60 ÷ 10 =	
38.	70 ÷ 10 =	
39.	11 × 10 =	
40.	110 ÷ 10 =	
41.	12 × 10 =	
42.	120 ÷ 10 =	
43.	13 × 10 =	
44.	130 ÷ 10 =	

第1课：　　　表达乘法等式比较。

A

单位的故事 — 第3课冲刺练习 4•1

答对数目：_____

乘以3

1.	1 × 3 =		23.	10 × 3 =	
2.	3 × 1 =		24.	9 × 3 =	
3.	2 × 3 =		25.	4 × 3 =	
4.	3 × 2 =		26.	8 × 3 =	
5.	3 × 3 =		27.	5 × 3 =	
6.	4 × 3 =		28.	7 × 3 =	
7.	3 × 4 =		29.	6 × 3 =	
8.	5 × 3 =		30.	3 × 10 =	
9.	3 × 5 =		31.	3 × 5 =	
10.	6 × 3 =		32.	3 × 6 =	
11.	3 × 6 =		33.	3 × 1 =	
12.	7 × 3 =		34.	3 × 9 =	
13.	3 × 7 =		35.	3 × 4 =	
14.	8 × 3 =		36.	3 × 3 =	
15.	3 × 8 =		37.	3 × 2 =	
16.	9 × 3 =		38.	3 × 7 =	
17.	3 × 9 =		39.	3 × 8 =	
18.	10 × 3 =		40.	11 × 3 =	
19.	3 × 10 =		41.	3 × 11 =	
20.	3 × 3 =		42.	12 × 3 =	
21.	1 × 3 =		43.	3 × 13 =	
22.	2 × 3 =		44.	13 × 3 =	

第3课： 理解以千为单位表达数字的位置值图表和逗号的位置，表达100万以内的数字。

单位的故事　　　　　　　　　　　　　　　　　　　　　　　　第3课冲刺练习　4•1

B

答对数目: _____

乘以3

改善: _____

1.	3 × 1 =		23.	9 × 3 =	
2.	1 × 3 =		24.	3 × 3 =	
3.	3 × 2 =		25.	8 × 3 =	
4.	2 × 3 =		26.	4 × 3 =	
5.	3 × 3 =		27.	7 × 3 =	
6.	3 × 4 =		28.	5 × 3 =	
7.	4 × 3 =		29.	6 × 3 =	
8.	3 × 5 =		30.	3 × 5 =	
9.	5 × 3 =		31.	3 × 10 =	
10.	3 × 6 =		32.	3 × 1 =	
11.	6 × 3 =		33.	3 × 6 =	
12.	3 × 7 =		34.	3 × 4 =	
13.	7 × 3 =		35.	3 × 9 =	
14.	3 × 8 =		36.	3 × 2 =	
15.	8 × 3 =		37.	3 × 7 =	
16.	3 × 9 =		38.	3 × 3 =	
17.	9 × 3 =		39.	3 × 8 =	
18.	3 × 10 =		40.	11 × 3 =	
19.	10 × 3 =		41.	3 × 11 =	
20.	1 × 3 =		42.	13 × 3 =	
21.	10 × 3 =		43.	3 × 13 =	
22.	2 × 3 =		44.	12 × 3 =	

第3课：　　理解以千为单位表达数字的位置值图表和逗号的位置，表达100万以内的数字。

Copyright © Great Minds PBC

单位的故事 第5课冲刺练习 4•1

A

答对数目：_____

乘以4

1.	1 × 4 =		23.	10 × 4 =	
2.	4 × 1 =		24.	9 × 4 =	
3.	2 × 4 =		25.	4 × 4 =	
4.	4 × 2 =		26.	8 × 4 =	
5.	3 × 4 =		27.	4 × 3 =	
6.	4 × 3 =		28.	7 × 4 =	
7.	4 × 4 =		29.	6 × 4 =	
8.	5 × 4 =		30.	4 × 10 =	
9.	4 × 5 =		31.	4 × 5 =	
10.	6 × 4 =		32.	4 × 6 =	
11.	4 × 6 =		33.	4 × 1 =	
12.	7 × 4 =		34.	4 × 9 =	
13.	4 × 7 =		35.	4 × 4 =	
14.	8 × 4 =		36.	4 × 3 =	
15.	4 × 8 =		37.	4 × 2 =	
16.	9 × 4 =		38.	4 × 7 =	
17.	4 × 9 =		39.	4 × 8 =	
18.	10 × 4 =		40.	11 × 4 =	
19.	4 × 10 =		41.	4 × 11 =	
20.	4 × 3 =		42.	12 × 4 =	
21.	1 × 4 =		43.	4 × 12 =	
22.	2 × 4 =		44.	13 × 4 =	

第5课： 根据数字的含义比较数字，使用 >、< 或 = 写出比较结果。

单位的故事　　　　　　　　　　　　　　　　　　　　第5课冲刺练习　4•1

B

答对数目：_____

乘以4

改善：_____

1.	4 × 1 =		23.	9 × 4 =	
2.	1 × 4 =		24.	3 × 4 =	
3.	4 × 2 =		25.	8 × 4 =	
4.	2 × 4 =		26.	4 × 4 =	
5.	4 × 3 =		27.	7 × 4 =	
6.	3 × 4 =		28.	5 × 4 =	
7.	4 × 4 =		29.	6 × 4 =	
8.	4 × 5 =		30.	4 × 5 =	
9.	5 × 4 =		31.	4 × 10 =	
10.	4 × 6 =		32.	4 × 1 =	
11.	6 × 4 =		33.	4 × 6 =	
12.	4 × 7 =		34.	4 × 4 =	
13.	7 × 4 =		35.	4 × 9 =	
14.	4 × 8 =		36.	4 × 2 =	
15.	8 × 4 =		37.	4 × 7 =	
16.	4 × 9 =		38.	4 × 3 =	
17.	9 × 4 =		39.	4 × 8 =	
18.	4 × 10 =		40.	11 × 4 =	
19.	10 × 4 =		41.	4 × 11 =	
20.	1 × 4 =		42.	12 × 4 =	
21.	10 × 4 =		43.	4 × 12 =	
22.	2 × 4 =		44.	13 × 4 =	

第5课：　　根据数字的含义比较数字，使用 >、< 或 = 写出比较结果。

A

单位的故事　　　　　　　　　第8课冲刺练习　4•1

寻找中点　　　　　　　　　　　答对数目：_____

1.	0	10	
2.	0	100	
3.	0	1000	
4.	10	20	
5.	100	200	
6.	1000	2000	
7.	30	40	
8.	300	400	
9.	400	500	
10.	20	30	
11.	30	40	
12.	40	50	
13.	50	60	
14.	500	600	
15.	5000	6000	
16.	200	300	
17.	300	400	
18.	700	800	
19.	5700	5800	
20.	70	80	
21.	670	680	
22.	6700	6800	

23.	6000	7000	
24.	600	700	
25.	60	70	
26.	260	270	
27.	9260	9270	
28.	80	90	
29.	90	100	
30.	990	1000	
31.	9990	10,000	
32.	440	450	
33.	8300	8400	
34.	680	690	
35.	9400	9500	
36.	3900	4000	
37.	2450	2460	
38.	7080	7090	
39.	3200	3210	
40.	8630	8640	
41.	8190	8200	
42.	2510	2520	
43.	4890	4900	
44.	6660	6670	

第8课：　　使用垂直数线将多位数四舍五入到任何位置。

B

寻找中点

答对数目：_____

改善：_____

1.	10	20		23.	7000	8000	
2.	100	200		24.	700	800	
3.	1000	2000		25.	70	80	
4.	20	30		26.	270	280	
5.	200	300		27.	9270	9280	
6.	2000	3000		28.	80	90	
7.	40	50		29.	90	100	
8.	400	500		30.	990	1000	
9.	500	600		31.	9990	10,000	
10.	30	40		32.	450	460	
11.	40	50		33.	8400	8500	
12.	50	60		34.	580	590	
13.	60	70		35.	9500	9600	
14.	600	700		36.	2900	3000	
15.	6000	7000		37.	3450	3460	
16.	300	400		38.	6080	6090	
17.	400	500		39.	4200	4210	
18.	800	900		40.	7630	7640	
19.	5800	5900		41.	7190	7200	
20.	80	90		42.	3510	3520	
21.	680	690		43.	5890	5900	
22.	6800	6900		44.	7770	7780	

第8课： 使用垂直数线将多位数四舍五入到任何位置。

A

单位的故事 — 第10课冲刺练习 4•1

答对数目：_____

四舍五入精确到万位

1.	21,000 ≈		23.	185,000 ≈	
2.	31,000 ≈		24.	85,000 ≈	
3.	41,000 ≈		25.	95,000 ≈	
4.	541,000 ≈		26.	97,000 ≈	
5.	49,000 ≈		27.	98,000 ≈	
6.	59,000 ≈		28.	198,000 ≈	
7.	69,000 ≈		29.	798,000 ≈	
8.	369,000 ≈		30.	31,200 ≈	
9.	62,000 ≈		31.	49,300 ≈	
10.	712,000 ≈		32.	649,300 ≈	
11.	28,000 ≈		33.	64,520 ≈	
12.	37,000 ≈		34.	164,520 ≈	
13.	137,000 ≈		35.	17,742 ≈	
14.	44,000 ≈		36.	917,742 ≈	
15.	56,000 ≈		37.	38,396 ≈	
16.	456,000 ≈		38.	64,501 ≈	
17.	15,000 ≈		39.	703,280 ≈	
18.	25,000 ≈		40.	239,500 ≈	
19.	35,000 ≈		41.	708,170 ≈	
20.	235,000 ≈		42.	188,631 ≈	
21.	75,000 ≈		43.	777,499 ≈	
22.	175,000 ≈		44.	444,919 ≈	

第10课： 使用数位知识，结合实际应用将多位数四舍五入到任何数位。

B

答对数目: _____

改善: _____

四舍五入精确到万位

1.	11,000 ≈		23.	185,000 ≈	
2.	21,000 ≈		24.	85,000 ≈	
3.	31,000 ≈		25.	95,000 ≈	
4.	531,000 ≈		26.	96,000 ≈	
5.	39,000 ≈		27.	99,000 ≈	
6.	49,000 ≈		28.	199,000 ≈	
7.	59,000 ≈		29.	799,000 ≈	
8.	359,000 ≈		30.	21,200 ≈	
9.	52,000 ≈		31.	39,300 ≈	
10.	612,000 ≈		32.	639,300 ≈	
11.	18,000 ≈		33.	54,520 ≈	
12.	27,000 ≈		34.	154,520 ≈	
13.	127,000 ≈		35.	27,742 ≈	
14.	34,000 ≈		36.	927,742 ≈	
15.	46,000 ≈		37.	28,396 ≈	
16.	346,000 ≈		38.	54,501 ≈	
17.	25,000 ≈		39.	603,280 ≈	
18.	35,000 ≈		40.	139,500 ≈	
19.	45,000 ≈		41.	608,170 ≈	
20.	245,000 ≈		42.	177,631 ≈	
21.	65,000 ≈		43.	888,499 ≈	
22.	165,000 ≈		44.	444,909 ≈	

第10课: 使用数位知识,结合实际应用将多位数四舍五入到任何数位。

A

单位的故事 — 第16课冲刺练习 4·1

答对数目：_____

将米和厘米转换为厘米

1.	2米 =	厘米	23.	1米2厘米 =	厘米
2.	3米 =	厘米	24.	1米3厘米 =	厘米
3.	4米 =	厘米	25.	1米4厘米 =	厘米
4.	9米 =	厘米	26.	1米7厘米 =	厘米
5.	1米 =	厘米	27.	2米7厘米 =	厘米
6.	7米 =	厘米	28.	3米7厘米 =	厘米
7.	5米 =	厘米	29.	8米7厘米 =	厘米
8.	8米 =	厘米	30.	8米4厘米 =	厘米
9.	6米 =	厘米	31.	4米9厘米 =	厘米
10.	1米20厘米 =	厘米	32.	6米8厘米 =	厘米
11.	1米30厘米 =	厘米	33.	9米3厘米 =	厘米
12.	1米40厘米 =	厘米	34.	2米60厘米 =	厘米
13.	1米90厘米 =	厘米	35.	3米75厘米 =	厘米
14.	1米95厘米 =	厘米	36.	6米33厘米 =	厘米
15.	1米85厘米 =	厘米	37.	8米9厘米 =	厘米
16.	1米84厘米 =	厘米	38.	4米70厘米 =	厘米
17.	1米73厘米 =	厘米	39.	7米35厘米 =	厘米
18.	1米62厘米 =	厘米	40.	4米17厘米 =	厘米
19.	2米62厘米 =	厘米	41.	6米4厘米 =	厘米
20.	7米62厘米 =	厘米	42.	10米4厘米 =	厘米
21.	5米27厘米 =	厘米	43.	10米40厘米 =	厘米
22.	3米87厘米 =	厘米	44.	11米84厘米 =	厘米

第16课： 使用带形图建模的标准减法算法解决两步骤应用题，并使用四舍五入评估答案的合理性。

B

答对数目: _____

改善: _____

将米和厘米转换为厘米

1.	1米 =	厘米
2.	2米 =	厘米
3.	3米 =	厘米
4.	7米 =	厘米
5.	5米 =	厘米
6.	9米 =	厘米
7.	4米 =	厘米
8.	8米 =	厘米
9.	6米 =	厘米
10.	1米10厘米 =	厘米
11.	1米20厘米 =	厘米
12.	1米30厘米 =	厘米
13.	1米70厘米 =	厘米
14.	1米75厘米 =	厘米
15.	1米65厘米 =	厘米
16.	1米64厘米 =	厘米
17.	1米53厘米 =	厘米
18.	1米42厘米 =	厘米
19.	2米42厘米 =	厘米
20.	8米42厘米 =	厘米
21.	5米29厘米 =	厘米
22.	3米89厘米 =	厘米

23.	1米1厘米 =	厘米
24.	1米2厘米 =	厘米
25.	1米3厘米 =	厘米
26.	1米9厘米 =	厘米
27.	2米9厘米 =	厘米
28.	3米9厘米 =	厘米
29.	7米9厘米 =	厘米
30.	7米4厘米 =	厘米
31.	4米8厘米 =	厘米
32.	6米3厘米 =	厘米
33.	9米5厘米 =	厘米
34.	2米50厘米 =	厘米
35.	3米85厘米 =	厘米
36.	6米31厘米 =	厘米
37.	6米7厘米 =	厘米
38.	4米60厘米 =	厘米
39.	7米25厘米 =	厘米
40.	4米13厘米 =	厘米
41.	6米2厘米 =	厘米
42.	10米3厘米 =	厘米
43.	10米30厘米 =	厘米
44.	11米48厘米 =	厘米

第16课: 使用带形图建模的标准减法算法解决两步骤应用题, 并使用四舍五入评估答案的合理性。

四年级

模块 2

四十年の
歩み 2

以米和厘米为单位。

1	3 米 + 1 米 =	米	厘米	23	3 米 10 厘米 + 1 米 1 厘米 =	米	厘米
2	4 米 + 2 米 =	米	厘米	24	3 米 10 厘米 + 2 米 2 厘米 =	米	厘米
3	2 米 + 3 米 =	米	厘米	25	3 米 10 厘米 + 3 米 3 厘米 =	米	厘米
4	5 米 + 4 米 =	米	厘米	26	3 米 20 厘米 + 3 米 3 厘米 =	米	厘米
5	2 米 + 2 米 =	米	厘米	27	6 米 30 厘米 + 2 米 20 厘米 =	米	厘米
6	3 米 + 3 米 =	米	厘米	28	8 米 30 厘米 + 2 米 20 厘米 =	米	厘米
7	4 米 + 4 米 =	米	厘米	29	6 米 50 厘米 + 2 米 25 厘米 =	米	厘米
8	5 米 + 5 米 =	米	厘米	30	6 米 25 厘米 + 2 米 25 厘米 =	米	厘米
9	5 米 7 厘米 + 1 米 =	米	厘米	31	4 米 70 厘米 + 1 米 10 厘米 =	米	厘米
10	6 米 7 厘米 + 1 米 =	米	厘米	32	4 米 80 厘米 + 1 米 10 厘米 =	米	厘米
11	7 米 7 厘米 + 1 米 =	米	厘米	33	4 米 90 厘米 + 1 米 10 厘米 =	米	厘米
12	9 米 7 厘米 + 1 米 =	米	厘米	34	4 米 90 厘米 + 1 米 20 厘米 =	米	厘米
13	9 米 7 厘米 + 1 厘米 =	米	厘米	35	4 米 90 厘米 + 1 米 60 厘米 =	米	厘米
14	5 米 7 厘米 + 1 厘米 =	米	厘米	36	5 米 75 厘米 + 2 米 25 厘米 =	米	厘米
15	3 米 7 厘米 + 1 厘米 =	米	厘米	37	5 米 75 厘米 + 2 米 50 厘米 =	米	厘米
16	3 米 7 厘米 + 3 厘米 =	米	厘米	38	4 米 90 厘米 + 3 米 50 厘米 =	米	厘米
17	6 米 70 厘米 + 10 厘米 =	米	厘米	39	5 米 95 厘米 + 3 米 25 厘米 =	米	厘米
18	6 米 80 厘米 + 10 厘米 =	米	厘米	40	4 米 85 厘米 + 3 米 25 厘米 =	米	厘米
19	6 米 90 厘米 + 10 厘米 =	米	厘米	41	5 米 85 厘米 + 3 米 45 厘米 =	米	厘米
20	6 米 90 厘米 + 20 厘米 =	米	厘米	42	4 米 87 厘米 + 3 米 76 厘米 =	米	厘米
21	6 米 90 厘米 + 30 厘米 =	米	厘米	43	6 米 36 厘米 + 4 米 67 厘米 =	米	厘米
22	6 米 90 厘米 + 60 厘米 =	米	厘米	44	9 米 74 厘米 + 8 米 48 厘米 =	米	厘米

第 4 课: 了解度量标准单位,并将其与位置值单位相关联,以使用不同的单位表达测量值。

A

答对数目：_____

转换为千克和克

#	克	千克	克	#	克	千克	克
1.	2,000 克 =	千克	克	23.	3,800 克 =	千克	克
2.	3,000 克 =	千克	克	24.	4,770 克 =	千克	克
3.	4,000 克 =	千克	克	25.	4,807 克 =	千克	克
4.	9,000 克 =	千克	克	26.	5,065 克 =	千克	克
5.	6,000 克 =	千克	克	27.	5,040 克 =	千克	克
6.	1,000 克 =	千克	克	28.	6,007 克 =	千克	克
7.	8,000 克 =	千克	克	29.	2,003 克 =	千克	克
8.	5,000 克 =	千克	克	30.	1,090 克 =	千克	克
9.	7,000 克 =	千克	克	31.	1,055 克 =	千克	克
10.	6,100 克 =	千克	克	32.	9,404 克 =	千克	克
11.	6,110 克 =	千克	克	33.	9,330 克 =	千克	克
12.	6,101 克 =	千克	克	34.	3,400 克 =	千克	克
13.	6,010 克 =	千克	克	35.	4,000 克 + 2,000 克 =	千克	克
14.	6,011 克 =	千克	克	36.	5,000 克 + 3,000 克 =	千克	克
15.	6,001 克 =	千克	克	37.	4,000 克 + 4,000 克 =	千克	克
16.	8,002 克 =	千克	克	38.	8 × 7,000 克 =	千克	克
17.	8,020 克 =	千克	克	39.	49,000 克 ÷ 7 =	千克	克
18.	8,200 克 =	千克	克	40.	16,000 克 × 5 =	千克	克
19.	8,022 克 =	千克	克	41.	63,000 克 ÷ 7 =	千克	克
20.	8,220 克 =	千克	克	42.	17 × 4,000 克 =	千克	克
21.	8,222 克 =	千克	克	43.	13,000 克 × 5 =	千克	克
22.	7,256 克 =	千克	克	44.	84,000 克 ÷ 7 =	千克	克

第 5 课： 使用加减法解答涉及长度、质量和容量的多步应用题。

B

单位的故事　　　　　　　　　　　　　　　　　　第5课冲刺练习　4•2

答对数目：_____

转换为千克和克

进步：_____

#				#			
1.	1,000 克 =	千克	克	23.	2,700 克 =	千克	克
2.	2,000 克 =	千克	克	24.	3,660 克 =	千克	克
3.	3,000 克 =	千克	克	25.	3,706 克 =	千克	克
4.	8,000 克 =	千克	克	26.	4,095 克 =	千克	克
5.	6,000 克 =	千克	克	27.	4,030 克 =	千克	克
6.	9,000 克 =	千克	克	28.	5,006 克 =	千克	克
7.	4,000 克 =	千克	克	29.	3,004 克 =	千克	克
8.	7,000 克 =	千克	克	30.	2,010 克 =	千克	克
9.	5,000 克 =	千克	克	31.	2,075 克 =	千克	克
10.	5,100 克 =	千克	克	32.	1,504 克 =	千克	克
11.	5,110 克 =	千克	克	33.	1,440 克 =	千克	克
12.	5,101 克 =	千克	克	34.	4,500 克 =	千克	克
13.	5,010 克 =	千克	克	35.	3,000 克 + 2,000 克 =	千克	克
14.	5,011 克 =	千克	克	36.	4,000 克 + 3,000 克 =	千克	克
15.	5,001 克 =	千克	克	37.	5,000 克 + 4,000 克 =	千克	克
16.	7,002 克 =	千克	克	38.	9 × 8,000 克 =	千克	克
17.	7,020 克 =	千克	克	39.	64,000 克 ÷ 8 =	千克	克
18.	7,200 克 =	千克	克	40.	17,000 克 × 5 =	千克	克
19.	7,022 克 =	千克	克	41.	54,000 克 ÷ 6 =	千克	克
20.	7,220 克 =	千克	克	42.	18,000 克 × 4 =	千克	克
21.	7,222 克 =	千克	克	43.	14 × 5,000 克 =	千克	克
22.	4,378 克 =	千克	克	44.	96,000 克 ÷ 8 =	千克	克

第5课：　　使用加减法解答涉及长度、质量和容量的多步应用题。

四年级

模块3

四十七次

憲法之

单位的故事　　　　　　　　　　　　　　　　　　　　　　　　　　　　第三课冲刺　4•3

A
平方和未知因数　　　　　　　　　　　　　　　　　　　　　　　　总分数：_____

1.	2 × 2 =		23.	3 × _____ = 21	
2.	2 × _____ = 4		24.	3 × 3 =	
3.	3 × 3 =		25.	4 × _____ = 20	
4.	3 × _____ = 9		26.	4 × _____ = 32	
5.	5 × 5 =		27.	4 × 4 =	
6.	5 × _____ = 25		28.	5 × _____ = 20	
7.	1 × _____ = 1		29.	5 × _____ = 40	
8.	1 × 1 =		30.	5 × 5 =	
9.	4 × _____ = 16		31.	6 × _____ = 18	
10.	4 × 4 =		32.	6 × _____ = 54	
11.	7 × _____ = 49		33.	6 × 6 =	
12.	7 × 7 =		34.	7 × _____ = 28	
13.	8 × 8 =		35.	7 × _____ = 56	
14.	8 × _____ = 64		36.	7 × 7 =	
15.	10 × 10 =		37.	8 × _____ = 24	
16.	10 × _____ = 100		38.	8 × _____ = 72	
17.	9 × _____ = 81		39.	8 × 8 =	
18.	9 × 9 =		40.	9 × _____ = 36	
19.	2 × _____ = 10		41.	9 × _____ = 63	
20.	2 × _____ = 18		42.	9 × 9 =	
21.	2 × 2 =		43.	9 × _____ = 54	
22.	3 × _____ = 12		44.	10 × 10 =	

第三课：　通过求解多步骤实际习题来证明对面积和周长公式的理解。

B

单位的故事 第三课冲刺 4•3

平方和未知因数

总分数：_____
跟上次相比，提高了：_____

1.	5 × 5 =		23.	3 × _____ = 24	
2.	5 × _____ = 25		24.	3 × 3 =	
3.	2 × 2 =		25.	4 × _____ = 12	
4.	2 × _____ = 4		26.	4 × _____ = 28	
5.	3 × 3 =		27.	4 × 4 =	
6.	3 × _____ = 9		28.	5 × _____ = 10	
7.	1 × 1 =		29.	5 × _____ = 35	
8.	1 × _____ = 1		30.	5 × 5 =	
9.	4 × _____ = 16		31.	6 × _____ = 24	
10.	4 × 4 =		32.	6 × _____ = 48	
11.	6 × _____ = 36		33.	6 × 6 =	
12.	6 × 6 =		34.	7 × _____ = 21	
13.	9 × 9 =		35.	7 × _____ = 63	
14.	9 × _____ = 81		36.	7 × 7 =	
15.	10 × 10 =		37.	8 × _____ = 32	
16.	10 × _____ = 100		38.	8 × _____ = 56	
17.	7 × _____ = 49		39.	8 × 8 =	
18.	7 × 7 =		40.	9 × _____ = 27	
19.	2 × _____ = 8		41.	9 × _____ = 72	
20.	2 × _____ = 16		42.	9 × 9 =	
21.	2 × 2 =		43.	9 × _____ = 63	
22.	3 × _____ = 15		44.	10 × 10 =	

第三课： 通过求解多步骤实际习题来证明对面积和周长公式的理解。

Copyright © Great Minds PBC

单位的故事 第七课冲刺 4•3

A
总分数：_____

乘以10,100和1,000的倍数

1.	3 × 2 =		23.	7 × 5 =	
2.	30 × 2 =		24.	700 × 5 =	
3.	300 × 2 =		25.	8 × 3 =	
4.	3,000 × 2 =		26.	80 × 3 =	
5.	2 × 3,000 =		27.	9 × 4 =	
6.	2 × 4 =		28.	9,000 × 4 =	
7.	2 × 40 =		29.	7 × 6 =	
8.	2 × 400 =		30.	7 × 600 =	
9.	2 × 4,000 =		31.	8 × 9 =	
10.	3 × 3 =		32.	8 × 90 =	
11.	30 × 3 =		33.	6 × 9 =	
12.	300 × 3 =		34.	6 × 9,000 =	
13.	3,000 × 3 =		35.	900 × 9 =	
14.	4,000 × 3 =		36.	8,000 × 8 =	
15.	400 × 3 =		37.	7 × 70 =	
16.	40 × 3 =		38.	6 × 600 =	
17.	5 × 3 =		39.	800 × 7 =	
18.	500 × 3 =		40.	7 × 9,000 =	
19.	7 × 2 =		41.	200 × 5 =	
20.	70 × 2 =		42.	5 × 60 =	
21.	4 × 4 =		43.	4,000 × 5 =	
22.	4,000 × 4 =		44.	800 × 5 =	

第七课： 使用位值磁盘表示二位数乘以一位数的乘法。

B

乘以10,100和1,000的倍数

总分数：_____

跟上次相比,提高了：_____

1.	4 × 2 =		23.	9 × 5 =	
2.	40 × 2 =		24.	900 × 5 =	
3.	400 × 2 =		25.	8 × 4 =	
4.	4,000 × 2 =		26.	80 × 4 =	
5.	2 × 4,000 =		27.	9 × 3 =	
6.	3 × 3 =		28.	9,000 × 3 =	
7.	3 × 30 =		29.	6 × 7 =	
8.	3 × 300 =		30.	6 × 700 =	
9.	3 × 3,000 =		31.	8 × 7 =	
10.	2 × 3 =		32.	8 × 70 =	
11.	20 × 3 =		33.	9 × 6 =	
12.	200 × 3 =		34.	9 × 6,000 =	
13.	2,000 × 3 =		35.	800 × 8 =	
14.	3,000 × 4 =		36.	9,000 × 9 =	
15.	300 × 4 =		37.	7 × 700 =	
16.	30 × 4 =		38.	6 × 60 =	
17.	3 × 5 =		39.	700 × 8 =	
18.	30 × 5 =		40.	9 × 7,000 =	
19.	6 × 2 =		41.	20 × 5 =	
20.	60 × 2 =		42.	5 × 600 =	
21.	4 × 4 =		43.	400 × 5 =	
22.	400 × 4 =		44.	8,000 × 5 =	

第七课： 使用位值磁盘表示二位数乘以一位数的乘法。

A

总分数: _____

心算乘法

1.	1 × 4 =			23.	21 × 3 =	
2.	10 × 4 =			24.	121 × 3 =	
3.	11 × 4 =			25.	42 × 2 =	
4.	1 × 2 =			26.	142 × 2 =	
5.	20 × 2 =			27.	242 × 2 =	
6.	21 × 2 =			28.	342 × 2 =	
7.	2 × 3 =			29.	442 × 2 =	
8.	30 × 3 =			30.	3 × 3 =	
9.	32 × 3 =			31.	13 × 3 =	
10.	3 × 5 =			32.	213 × 3 =	
11.	20 × 5 =			33.	1,213 × 3 =	
12.	23 × 5 =			34.	2,113 × 3 =	
13.	3 × 3 =			35.	2,131 × 3 =	
14.	40 × 3 =			36.	2,311 × 3 =	
15.	43 × 3 =			37.	24 × 4 =	
16.	4 × 2 =			38.	35 × 5 =	
17.	70 × 2 =			39.	54 × 3 =	
18.	74 × 2 =			40.	63 × 6 =	
19.	2 × 3 =			41.	125 × 4 =	
20.	60 × 3 =			42.	214 × 3 =	
21.	62 × 3 =			43.	5,213 × 2 =	
22.	63 × 3 =			44.	2,135 × 4 =	

第十三课: 使用乘法,加法或减法求解多步文字题。

B

心算乘法

总分数：＿＿＿＿

跟上次相比，提高了：＿＿＿＿

1.	1 × 6 =		23.	21 × 4 =	
2.	10 × 6 =		24.	121 × 4 =	
3.	11 × 6 =		25.	24 × 2 =	
4.	1 × 2 =		26.	124 × 2 =	
5.	30 × 2 =		27.	224 × 2 =	
6.	31 × 2 =		28.	324 × 2 =	
7.	3 × 3 =		29.	424 × 2 =	
8.	20 × 3 =		30.	3 × 2 =	
9.	23 × 3 =		31.	13 × 2 =	
10.	5 × 5 =		32.	213 × 2 =	
11.	20 × 5 =		33.	1,213 × 2 =	
12.	25 × 5 =		34.	2,113 × 2 =	
13.	4 × 4 =		35.	2,131 × 2 =	
14.	30 × 4 =		36.	2,311 × 2 =	
15.	34 × 4 =		37.	23 × 4 =	
16.	4 × 2 =		38.	53 × 5 =	
17.	90 × 2 =		39.	45 × 3 =	
18.	94 × 2 =		40.	36 × 6 =	
19.	2 × 3 =		41.	215 × 3 =	
20.	40 × 3 =		42.	125 × 4 =	
21.	42 × 3 =		43.	5,312 × 2 =	
22.	43 × 3 =		44.	1,235 × 4 =	

第十三课： 使用乘法，加法或减法求解多步文字题。

A

单位的故事　　　　　　　　　　　　　　　　　　　　第十九课冲刺　4·3

总分数：_____

心算除法

1.	20 ÷ 2 =		23.	68 ÷ 2 =	
2.	4 ÷ 2 =		24.	96 ÷ 3 =	
3.	24 ÷ 2 =		25.	86 ÷ 2 =	
4.	30 ÷ 3 =		26.	93 ÷ 3 =	
5.	6 ÷ 3 =		27.	88 ÷ 4 =	
6.	36 ÷ 3 =		28.	99 ÷ 3 =	
7.	40 ÷ 4 =		29.	66 ÷ 3 =	
8.	8 ÷ 4 =		30.	66 ÷ 2 =	
9.	48 ÷ 4 =		31.	40 ÷ 4 =	
10.	2 ÷ 2 =		32.	80 ÷ 4 =	
11.	40 ÷ 2 =		33.	60 ÷ 4 =	
12.	42 ÷ 2 =		34.	68 ÷ 4 =	
13.	3 ÷ 3 =		35.	20 ÷ 2 =	
14.	60 ÷ 3 =		36.	40 ÷ 2 =	
15.	63 ÷ 3 =		37.	30 ÷ 2 =	
16.	4 ÷ 4 =		38.	36 ÷ 2 =	
17.	80 ÷ 4 =		39.	30 ÷ 3 =	
18.	84 ÷ 4 =		40.	39 ÷ 3 =	
19.	40 ÷ 5 =		41.	45 ÷ 3 =	
20.	50 ÷ 5 =		42.	60 ÷ 3 =	
21.	60 ÷ 5 =		43.	57 ÷ 3 =	
22.	70 ÷ 5 =		44.	51 ÷ 3 =	

第十九课：　　通过使用位值理解和模型来解释余数。

B

单位的故事　　　　　　　　　　　　　　　　　　　　　　第十九课冲刺　4·3

心算除法

总分数：_____

跟上次相比，提高了：_____

1.	30 ÷ 3 =		23.	86 ÷ 2 =	
2.	9 ÷ 3 =		24.	69 ÷ 3 =	
3.	39 ÷ 3 =		25.	68 ÷ 2 =	
4.	20 ÷ 2 =		26.	96 ÷ 3 =	
5.	6 ÷ 2 =		27.	66 ÷ 3 =	
6.	26 ÷ 2 =		28.	99 ÷ 3 =	
7.	80 ÷ 4 =		29.	88 ÷ 4 =	
8.	4 ÷ 4 =		30.	88 ÷ 2 =	
9.	84 ÷ 4 =		31.	40 ÷ 4 =	
10.	2 ÷ 2 =		32.	80 ÷ 4 =	
11.	60 ÷ 2 =		33.	60 ÷ 4 =	
12.	62 ÷ 2 =		34.	64 ÷ 4 =	
13.	3 ÷ 3 =		35.	20 ÷ 2 =	
14.	90 ÷ 3 =		36.	40 ÷ 2 =	
15.	93 ÷ 3 =		37.	30 ÷ 2 =	
16.	8 ÷ 4 =		38.	38 ÷ 2 =	
17.	40 ÷ 4 =		39.	30 ÷ 3 =	
18.	48 ÷ 4 =		40.	36 ÷ 3 =	
19.	50 ÷ 5 =		41.	42 ÷ 3 =	
20.	60 ÷ 5 =		42.	60 ÷ 3 =	
21.	70 ÷ 5 =		43.	54 ÷ 3 =	
22.	80 ÷ 5 =		44.	48 ÷ 3 =	

第十九课：　通过使用位值理解和模型来解释余数。

A

单位的故事 第二十一课冲刺 4•3

总分数: _____

除法与余数

#	题目	答案		#	题目	答案	
1.	8 ÷ 2	Q = _____	R = _____	23.	6 ÷ 2	Q = _____	R = _____
2.	9 ÷ 2	Q = _____	R = _____	24.	7 ÷ 2	Q = _____	R = _____
3.	4 ÷ 4	Q = _____	R = _____	25.	3 ÷ 3	Q = _____	R = _____
4.	5 ÷ 4	Q = _____	R = _____	26.	4 ÷ 3	Q = _____	R = _____
5.	7 ÷ 5	Q = _____	R = _____	27.	6 ÷ 4	Q = _____	R = _____
6.	8 ÷ 5	Q = _____	R = _____	28.	7 ÷ 4	Q = _____	R = _____
7.	5 ÷ 3	Q = _____	R = _____	29.	6 ÷ 6	Q = _____	R = _____
8.	6 ÷ 3	Q = _____	R = _____	30.	7 ÷ 6	Q = _____	R = _____
9.	8 ÷ 4	Q = _____	R = _____	31.	4 ÷ 2	Q = _____	R = _____
10.	9 ÷ 4	Q = _____	R = _____	32.	5 ÷ 2	Q = _____	R = _____
11.	2 ÷ 2	Q = _____	R = _____	33.	9 ÷ 3	Q = _____	R = _____
12.	3 ÷ 2	Q = _____	R = _____	34.	9 ÷ 5	Q = _____	R = _____
13.	7 ÷ 3	Q = _____	R = _____	35.	7 ÷ 7	Q = _____	R = _____
14.	8 ÷ 3	Q = _____	R = _____	36.	9 ÷ 9	Q = _____	R = _____
15.	9 ÷ 3	Q = _____	R = _____	37.	13 ÷ 4	Q = _____	R = _____
16.	8 ÷ 6	Q = _____	R = _____	38.	18 ÷ 5	Q = _____	R = _____
17.	9 ÷ 6	Q = _____	R = _____	39.	21 ÷ 6	Q = _____	R = _____
18.	5 ÷ 5	Q = _____	R = _____	40.	24 ÷ 7	Q = _____	R = _____
19.	6 ÷ 5	Q = _____	R = _____	41.	29 ÷ 8	Q = _____	R = _____
20.	8 ÷ 8	Q = _____	R = _____	42.	43 ÷ 6	Q = _____	R = _____
21.	9 ÷ 8	Q = _____	R = _____	43.	53 ÷ 6	Q = _____	R = _____
22.	9 ÷ 9	Q = _____	R = _____	44.	82 ÷ 9	Q = _____	R = _____

第二十一课: 使用面积模型求解除法题的余数。

B

单位的故事 　　　　　　　　　　　　　　　　　　　　　第二十一课冲刺　4•3

除法与余数

总分数: _____

跟上次相比，提高了: _____

1.	9 ÷ 8	Q = ____ R = ____
2.	8 ÷ 8	Q = ____ R = ____
3.	9 ÷ 6	Q = ____ R = ____
4.	8 ÷ 6	Q = ____ R = ____
5.	5 ÷ 5	Q = ____ R = ____
6.	6 ÷ 5	Q = ____ R = ____
7.	7 ÷ 4	Q = ____ R = ____
8.	6 ÷ 4	Q = ____ R = ____
9.	5 ÷ 3	Q = ____ R = ____
10.	6 ÷ 3	Q = ____ R = ____
11.	2 ÷ 2	Q = ____ R = ____
12.	3 ÷ 2	Q = ____ R = ____
13.	3 ÷ 3	Q = ____ R = ____
14.	4 ÷ 3	Q = ____ R = ____
15.	8 ÷ 7	Q = ____ R = ____
16.	9 ÷ 7	Q = ____ R = ____
17.	4 ÷ 4	Q = ____ R = ____
18.	5 ÷ 4	Q = ____ R = ____
19.	6 ÷ 2	Q = ____ R = ____
20.	7 ÷ 2	Q = ____ R = ____
21.	8 ÷ 5	Q = ____ R = ____
22.	7 ÷ 5	Q = ____ R = ____

23.	4 ÷ 2	Q = ____ R = ____
24.	5 ÷ 2	Q = ____ R = ____
25.	8 ÷ 4	Q = ____ R = ____
26.	9 ÷ 4	Q = ____ R = ____
27.	9 ÷ 3	Q = ____ R = ____
28.	8 ÷ 3	Q = ____ R = ____
29.	9 ÷ 5	Q = ____ R = ____
30.	6 ÷ 6	Q = ____ R = ____
31.	7 ÷ 6	Q = ____ R = ____
32.	9 ÷ 9	Q = ____ R = ____
33.	7 ÷ 7	Q = ____ R = ____
34.	9 ÷ 2	Q = ____ R = ____
35.	8 ÷ 2	Q = ____ R = ____
36.	37 ÷ 8	Q = ____ R = ____
37.	50 ÷ 9	Q = ____ R = ____
38.	17 ÷ 6	Q = ____ R = ____
39.	48 ÷ 7	Q = ____ R = ____
40.	51 ÷ 8	Q = ____ R = ____
41.	68 ÷ 9	Q = ____ R = ____
42.	53 ÷ 6	Q = ____ R = ____
43.	61 ÷ 8	Q = ____ R = ____
44.	70 ÷ 9	Q = ____ R = ____

第二十一课： 使用面积模型求解除法题的余数。

A

单位的故事 第二十七课冲刺 4·3

总分数：_____

圈出素数

1.	4	3
2.	6	3
3.	8	3
4.	5	10
5.	5	12
6.	5	14
7.	8	7
8.	9	11
9.	11	15
10.	15	17
11.	19	16
12.	14	11
13.	13	12
14.	18	17
15.	19	20
16.	21	23
17.	25	19
18.	29	27
19.	31	30
20.	33	37
21.	9	2
22.	51	2

23.	40	41	42
24.	42	43	44
25.	49	47	45
26.	53	50	55
27.	54	56	59
28.	99	97	95
29.	89	90	91
30.	95	96	97
31.	88	89	90
32.	60	61	62
33.	63	65	67
34.	71	70	69
35.	73	75	77
36.	49	79	99
37.	63	93	83
38.	22	2	12
39.	17	27	57
40.	5	15	25
41.	39	49	59
42.	1	21	31
43.	51	57	2
44.	84	95	43

第二十七课： 用最多三位数的数字表示和求解除法题，使用位值磁盘分解百位数位置的余数。

B

圈出素数

总分数: _____

跟上次相比,提高了: _____

1.	4	5
2.	6	5
3.	8	5
4.	7	10
5.	7	12
6.	7	14
7.	4	3
8.	11	10
9.	15	11
10.	17	15
11.	19	20
12.	14	13
13.	11	12
14.	16	17
15.	19	18
16.	22	23
17.	21	19
18.	29	28
19.	31	33
20.	35	37
21.	2	9
22.	57	2

23.	42	41	40
24.	44	43	42
25.	45	47	49
26.	53	55	50
27.	56	54	59
28.	95	97	99
29.	91	90	89
30.	99	98	97
31.	90	89	88
32.	67	65	63
33.	62	61	60
34.	72	71	70
35.	77	75	73
36.	27	67	77
37.	39	49	59
38.	32	2	22
39.	19	49	69
40.	5	15	55
41.	99	49	59
42.	1	21	41
43.	45	51	2
44.	48	85	67

第二十七课: 用最多三位数的数字表示和求解除法题,使用位值磁盘分解百位数位置的余数。

A

总分数: _____

除法

1.	6 ÷ 2 =	
2.	60 ÷ 2 =	
3.	600 ÷ 2 =	
4.	6,000 ÷ 2 =	
5.	9 ÷ 3 =	
6.	90 ÷ 3 =	
7.	900 ÷ 3 =	
8.	9,000 ÷ 3 =	
9.	10 ÷ 5 =	
10.	15 ÷ 5 =	
11.	150 ÷ 5 =	
12.	1,500 ÷ 5 =	
13.	2,500 ÷ 5 =	
14.	3,500 ÷ 5 =	
15.	4,500 ÷ 5 =	
16.	450 ÷ 5 =	
17.	8 ÷ 4 =	
18.	12 ÷ 4 =	
19.	120 ÷ 4 =	
20.	1,200 ÷ 4 =	
21.	25 ÷ 5 =	
22.	30 ÷ 5 =	

23.	300 ÷ 5 =	
24.	3,000 ÷ 5 =	
25.	16 ÷ 4 =	
26.	160 ÷ 4 =	
27.	18 ÷ 6 =	
28.	1,800 ÷ 6 =	
29.	28 ÷ 7 =	
30.	280 ÷ 7 =	
31.	48 ÷ 8 =	
32.	4,800 ÷ 8 =	
33.	6,300 ÷ 9 =	
34.	200 ÷ 5 =	
35.	560 ÷ 7 =	
36.	7,200 ÷ 9 =	
37.	480 ÷ 6 =	
38.	5,600 ÷ 8 =	
39.	400 ÷ 5 =	
40.	6,300 ÷ 7 =	
41.	810 ÷ 9 =	
42.	640 ÷ 8 =	
43.	5,400 ÷ 6 =	
44.	4,000 ÷ 5 =	

第三十一课: 将除法文字题解释为 组数未知或组的大小未知。

B

除法

总分数: _____

跟上次相比,提高了: _____

1.	4 ÷ 2 =		23.	200 ÷ 5 =	
2.	40 ÷ 2 =		24.	2,000 ÷ 5 =	
3.	400 ÷ 2 =		25.	12 ÷ 4 =	
4.	4,000 ÷ 2 =		26.	120 ÷ 4 =	
5.	6 ÷ 3 =		27.	21 ÷ 7 =	
6.	60 ÷ 3 =		28.	2,100 ÷ 7 =	
7.	600 ÷ 3 =		29.	18 ÷ 6 =	
8.	6,000 ÷ 3 =		30.	180 ÷ 6 =	
9.	10 ÷ 5 =		31.	54 ÷ 9 =	
10.	15 ÷ 5 =		32.	5,400 ÷ 9 =	
11.	150 ÷ 5 =		33.	5,600 ÷ 8 =	
12.	250 ÷ 5 =		34.	300 ÷ 5 =	
13.	350 ÷ 5 =		35.	490 ÷ 7 =	
14.	3,500 ÷ 5 =		36.	6,300 ÷ 9 =	
15.	4,500 ÷ 5 =		37.	420 ÷ 6 =	
16.	450 ÷ 5 =		38.	4,800 ÷ 8 =	
17.	9 ÷ 3 =		39.	4,000 ÷ 5 =	
18.	12 ÷ 3 =		40.	560 ÷ 8 =	
19.	120 ÷ 3 =		41.	6,400 ÷ 8 =	
20.	1,200 ÷ 3 =		42.	720 ÷ 8 =	
21.	25 ÷ 5 =		43.	4,800 ÷ 6 =	
22.	20 ÷ 5 =		44.	400 ÷ 5 =	

第三十一课: 将除法文字题解释为组数未知或组的大小未知。

四年级
模块 5

注意：模块 4 不包含任何冲刺练习或打印的熟练度组成部分。可以在教师版中找到模块4中的所有熟练度活动，并且无需纸本即可完成。

A

正确的数字：_____

整数乘以分数

1.	$\frac{1}{3} + \frac{1}{3} =$		23.	$\frac{1}{3} + \frac{1}{3} + \frac{1}{3} + \frac{1}{3} =$	
2.	$2 \times \frac{1}{3} =$		24.	$4 \times \frac{1}{3} =$	
3.	$\frac{1}{4} + \frac{1}{4} + \frac{1}{4} =$		25.	$\frac{5}{6} =$	$\underline{} \times \frac{1}{6}$
4.	$3 \times \frac{1}{4} =$		26.	$\frac{5}{6} =$	$5 \times \underline{}$
5.	$\frac{1}{5} + \frac{1}{5} =$		27.	$\frac{5}{8} =$	$5 \times \underline{}$
6.	$2 \times \frac{1}{5} =$		28.	$\frac{5}{8} =$	$\underline{} \times \frac{1}{8}$
7.	$\frac{1}{5} + \frac{1}{5} + \frac{1}{5} =$		29.	$\frac{7}{8} =$	$7 \times \underline{}$
8.	$3 \times \frac{1}{5} =$		30.	$\frac{7}{10} =$	$7 \times \underline{}$
9.	$\frac{1}{5} + \frac{1}{5} + \frac{1}{5} + \frac{1}{5} =$		31.	$\frac{7}{8} =$	$\underline{} \times \frac{1}{8}$
10.	$4 \times \frac{1}{5} =$		32.	$\frac{7}{10} =$	$\underline{} \times \frac{1}{10}$
11.	$\frac{1}{10} + \frac{1}{10} + \frac{1}{10} =$		33.	$\frac{6}{6} =$	$6 \times \underline{}$
12.	$3 \times \frac{1}{10} =$		34.	$1 =$	$6 \times \underline{}$
13.	$\frac{1}{8} + \frac{1}{8} + \frac{1}{8} =$		35.	$\frac{8}{8} =$	$\underline{} \times \frac{1}{8}$
14.	$3 \times \frac{1}{8} =$		36.	$1 =$	$\underline{} \times \frac{1}{8}$
15.	$\frac{1}{2} + \frac{1}{2} =$		37.	$9 \times \frac{1}{10} =$	
16.	$2 \times \frac{1}{2} =$		38.	$7 \times \frac{1}{5} =$	
17.	$\frac{1}{3} + \frac{1}{3} + \frac{1}{3} =$		39.	$1 =$	$3 \times \underline{}$
18.	$3 \times \frac{1}{3} =$		40.	$7 \times \frac{1}{12} =$	
19.	$\frac{1}{4} + \frac{1}{4} + \frac{1}{4} + \frac{1}{4} =$		41.	$1 =$	$\underline{} \times \frac{1}{5}$
20.	$4 \times \frac{1}{4} =$		42.	$\frac{3}{5} =$	$\frac{1}{5} + \frac{1}{5} + \underline{}$
21.	$\frac{1}{2} + \frac{1}{2} + \frac{1}{2} =$		43.	$3 \times \frac{1}{4} =$	$\underline{} + \frac{1}{4} + \frac{1}{4}$
22.	$3 \times \frac{1}{2} =$		44.	$1 =$	$\underline{} + \underline{} + \underline{}$

第6课： 使用面积模型来分解分数以展示等值。

B

正确的数字：_____

提高：_____

整数乘以分数

1.	$\frac{1}{5} + \frac{1}{5} =$	
2.	$2 \times \frac{1}{5} =$	
3.	$\frac{1}{3} + \frac{1}{3} =$	
4.	$2 \times \frac{1}{3} =$	
5.	$\frac{1}{4} + \frac{1}{4} + \frac{1}{4} =$	
6.	$3 \times \frac{1}{4} =$	
7.	$\frac{1}{5} + \frac{1}{5} + \frac{1}{5} =$	
8.	$3 \times \frac{1}{5} =$	
9.	$\frac{1}{5} + \frac{1}{5} + \frac{1}{5} + \frac{1}{5} =$	
10.	$4 \times \frac{1}{5} =$	
11.	$\frac{1}{8} + \frac{1}{8} + \frac{1}{8} =$	
12.	$3 \times \frac{1}{8} =$	
13.	$\frac{1}{10} + \frac{1}{10} + \frac{1}{10} =$	
14.	$3 \times \frac{1}{10} =$	
15.	$\frac{1}{3} + \frac{1}{3} + \frac{1}{3} =$	
16.	$3 \times \frac{1}{3} =$	
17.	$\frac{1}{4} + \frac{1}{4} + \frac{1}{4} + \frac{1}{4} =$	
18.	$4 \times \frac{1}{4} =$	
19.	$\frac{1}{2} + \frac{1}{2} =$	
20.	$2 \times \frac{1}{2} =$	
21.	$\frac{1}{3} + \frac{1}{3} + \frac{1}{3} =$	
22.	$4 \times \frac{1}{3} =$	

23.	$\frac{1}{2} + \frac{1}{2} + \frac{1}{2} =$	
24.	$3 \times \frac{1}{2} =$	
25.	$\frac{5}{6} =$	___ $\times \frac{1}{6}$
26.	$\frac{5}{6} =$	$5 \times$ ___
27.	$\frac{5}{8} =$	$5 \times$ ___
28.	$\frac{5}{8} =$	___ $\times \frac{1}{8}$
29.	$\frac{7}{8} =$	$7 \times$ ___
30.	$\frac{7}{10} =$	$7 \times$ ___
31.	$\frac{7}{8} =$	___ $\times \frac{1}{8}$
32.	$\frac{7}{10} =$	___ $\times \frac{1}{10}$
33.	$\frac{8}{8} =$	$8 \times$ ___
34.	$1 =$	$8 \times$ ___
35.	$\frac{6}{6} =$	___ $\times \frac{1}{6}$
36.	$1 =$	___ $\times \frac{1}{6}$
37.	$5 \times \frac{1}{12} =$	
38.	$6 \times \frac{1}{5} =$	
39.	$1 =$	$4 \times$ ___
40.	$9 \times \frac{1}{10} =$	
41.	$1 =$	___ $\times \frac{1}{3}$
42.	$\frac{3}{4} =$	$\frac{1}{4} + \frac{1}{4} +$ ___
43.	$3 \times \frac{1}{5} =$	___ $+ \frac{1}{5} + \frac{1}{5}$
44.	$1 =$	___ $+$ ___ $+$ ___ $+$ ___

A

单位的故事

正确的数字：_____

分数减法

1.	$2 - 1 =$		23.	$\frac{4}{3} - \frac{2}{3} =$	
2.	$\frac{2}{2} - \frac{1}{2} =$		24.	$1\frac{1}{3} - \frac{2}{3} =$	
3.	$1 - \frac{1}{2} =$		25.	$1\frac{2}{3} - \frac{1}{3} =$	
4.	$3 - 1 =$		26.	$7 - 4 =$	
5.	$\frac{3}{3} - \frac{1}{3} =$		27.	$\frac{7}{5} - \frac{4}{5} =$	
6.	$1 - \frac{1}{3} =$		28.	$1\frac{2}{5} - \frac{4}{5} =$	
7.	$8 - 1 =$		29.	$1\frac{4}{5} - \frac{2}{5} =$	
8.	$\frac{8}{8} - \frac{1}{8} =$		30.	$5 - 3 =$	
9.	$1 - \frac{1}{8} =$		31.	$\frac{5}{4} - \frac{3}{4} =$	
10.	$5 - 1 =$		32.	$1\frac{1}{4} - \frac{3}{4} =$	
11.	$\frac{5}{5} - \frac{1}{5} =$		33.	$1\frac{3}{4} - \frac{1}{4} =$	
12.	$1 - \frac{1}{5} =$		34.	$1 - \frac{3}{8} =$	
13.	$1 - \frac{2}{5} =$		35.	$1 - \frac{7}{8} =$	
14.	$1 - \frac{4}{5} =$		36.	$1\frac{7}{8} - \frac{3}{8} =$	
15.	$1 - \frac{3}{5} =$		37.	$1\frac{3}{8} - \frac{7}{8} =$	
16.	$1 - \frac{1}{4} =$		38.	$1 - \frac{1}{6} =$	
17.	$1 - \frac{3}{4} =$		39.	$1 - \frac{5}{6} =$	
18.	$1 - \frac{1}{10} =$		40.	$1\frac{5}{6} - \frac{1}{6} =$	
19.	$1 - \frac{9}{10} =$		41.	$1\frac{1}{6} - \frac{5}{6} =$	
20.	$1 - \frac{3}{10} =$		42.	$1 - \frac{5}{12} =$	
21.	$1 - \frac{7}{10} =$		43.	$1\frac{1}{12} - \frac{7}{12} =$	
22.	$4 - 2 =$		44.	$1\frac{4}{15} - \frac{13}{15} =$	

B

单位的故事 第 21 课冲刺 4•5

正确的数字：_____

提高：_____

分数减法

1.	$3 - 1 =$		23.	$\frac{5}{4} - \frac{3}{4} =$	
2.	$\frac{3}{3} - \frac{1}{3} =$		24.	$1\frac{1}{4} - \frac{3}{4} =$	
3.	$1 - \frac{1}{3} =$		25.	$1\frac{3}{4} - \frac{1}{4} =$	
4.	$2 - 1 =$		26.	$8 - 4 =$	
5.	$\frac{2}{2} - \frac{1}{2} =$		27.	$\frac{8}{5} - \frac{4}{5} =$	
6.	$1 - \frac{1}{2} =$		28.	$1\frac{3}{5} - \frac{4}{5} =$	
7.	$6 - 1 =$		29.	$1\frac{4}{5} - \frac{3}{5} =$	
8.	$\frac{6}{6} - \frac{1}{6} =$		30.	$7 - 5 =$	
9.	$1 - \frac{1}{6} =$		31.	$\frac{7}{6} - \frac{5}{6} =$	
10.	$10 - 1 =$		32.	$1\frac{1}{6} - \frac{5}{6} =$	
11.	$\frac{10}{10} - \frac{1}{10} =$		33.	$1\frac{5}{6} - \frac{1}{6} =$	
12.	$1 - \frac{1}{10} =$		34.	$1 - \frac{5}{8} =$	
13.	$1 - \frac{2}{10} =$		35.	$1 - \frac{7}{8} =$	
14.	$1 - \frac{4}{10} =$		36.	$1\frac{7}{8} - \frac{5}{8} =$	
15.	$1 - \frac{3}{10} =$		37.	$1\frac{5}{8} - \frac{7}{8} =$	
16.	$1 - \frac{1}{5} =$		38.	$1 - \frac{1}{4} =$	
17.	$1 - \frac{4}{5} =$		39.	$1 - \frac{3}{4} =$	
18.	$1 - \frac{1}{8} =$		40.	$1\frac{3}{4} - \frac{1}{4} =$	
19.	$1 - \frac{7}{8} =$		41.	$1\frac{1}{4} - \frac{3}{4} =$	
20.	$1 - \frac{3}{8} =$		42.	$1 - \frac{7}{12} =$	
21.	$1 - \frac{5}{8} =$		43.	$1\frac{1}{12} - \frac{5}{12} =$	
22.	$5 - 3 =$		44.	$1\frac{7}{15} - \frac{11}{15} =$	

第 21 课： 使用视觉化图像相加两个有相关单位的分数并使用 2、3、4、5、6、8、10 和 12 作为分母。

A

正确的数字：_____

分数加法

1.	$1 + 1 =$	
2.	$\frac{1}{5} + \frac{1}{5} =$	
3.	$2 + 1 =$	
4.	$\frac{2}{5} + \frac{1}{5} =$	
5.	$2 + 2 =$	
6.	$\frac{2}{5} + \frac{2}{5} =$	
7.	$3 + 2 =$	
8.	$\frac{3}{5} + \frac{2}{5} =$	$\frac{5}{5}$
9.	$\frac{5}{5} =$	
10.	$\frac{3}{5} + \frac{2}{5} =$	
11.	$3 + 2 =$	
12.	$\frac{3}{8} + \frac{2}{8} =$	
13.	$3 + 2 + 2 =$	
14.	$\frac{3}{8} + \frac{2}{8} + \frac{2}{8} =$	
15.	$\frac{3}{8} + \frac{3}{8} + \frac{2}{8} =$	$\frac{8}{8}$
16.	$\frac{8}{8} =$	
17.	$\frac{3}{8} + \frac{3}{8} + \frac{2}{8} =$	
18.	$2 + 1 + 1 =$	
19.	$\frac{2}{3} + \frac{1}{3} + \frac{1}{3} =$	$1\frac{1}{3}$
20.	$\frac{2}{3} + \frac{1}{3} + \frac{1}{3} =$	$1\frac{}{3}$
21.	$2 + 2 + 2 =$	
22.	$\frac{2}{5} + \frac{2}{5} + \frac{2}{5} =$	$1\frac{1}{5}$
23.	$\frac{2}{5} + \frac{2}{5} + \frac{2}{5} =$	$1\frac{}{5}$
24.	$3 + 3 + 3 =$	
25.	$\frac{3}{8} + \frac{3}{8} + \frac{3}{8} =$	$1\frac{8}{8}$
26.	$\frac{3}{8} + \frac{3}{8} + \frac{3}{8} =$	$1\frac{}{8}$
27.	$\frac{5}{8} + \frac{5}{8} + \frac{5}{8} =$	$1\frac{}{8}$
28.	$1 + 1 + 1 =$	
29.	$\frac{1}{2} + \frac{1}{2} + \frac{1}{2} =$	$1\frac{1}{2}$
30.	$\frac{1}{2} + \frac{1}{2} + \frac{1}{2} =$	$1\frac{}{2}$
31.	$4 + 4 + 4 =$	
32.	$\frac{4}{10} + \frac{4}{10} + \frac{4}{10} =$	$1\frac{2}{10}$
33.	$\frac{4}{10} + \frac{4}{10} + \frac{4}{10} =$	$1\frac{}{10}$
34.	$\frac{6}{10} + \frac{6}{10} + \frac{6}{10} =$	$1\frac{}{10}$
35.	$2 + 2 + 2 =$	
36.	$\frac{2}{6} + \frac{2}{6} + \frac{2}{6} =$	$\frac{6}{6}$
37.	$\frac{2}{6} + \frac{2}{6} + \frac{2}{6} =$	
38.	$\frac{3}{6} + \frac{3}{6} + \frac{3}{6} =$	$1\frac{}{6}$
39.	$\frac{5}{12} + \frac{2}{12} + \frac{4}{12} =$	
40.	$\frac{4}{12} + \frac{4}{12} + \frac{4}{12} =$	
41.	$\frac{5}{12} + \frac{5}{12} + \frac{7}{12} =$	$1\frac{}{12}$
42.	$\frac{7}{12} + \frac{9}{12} + \frac{7}{12} =$	$1\frac{}{12}$
43.	$\frac{7}{15} + \frac{8}{15} + \frac{7}{15} =$	$1\frac{}{15}$
44.	$\frac{12}{15} + \frac{8}{15} + \frac{9}{15} =$	$1\frac{}{15}$

B

单位的故事   第 22 课 冲刺练习   4•5

正确的数字：_____

提高：_____

分数加法

1.	$1 + 1 =$	
2.	$\frac{1}{6} + \frac{1}{6} =$	
3.	$3 + 1 =$	
4.	$\frac{3}{6} + \frac{1}{6} =$	
5.	$3 + 2 =$	
6.	$\frac{3}{6} + \frac{2}{6} =$	
7.	$4 + 2 =$	
8.	$\frac{4}{6} + \frac{2}{6} =$	$\frac{6}{6}$
9.	$\frac{6}{6} =$	
10.	$\frac{4}{6} + \frac{2}{6} =$	
11.	$5 + 2 =$	
12.	$\frac{5}{8} + \frac{2}{8} =$	
13.	$5 + 1 + 1 =$	
14.	$\frac{5}{8} + \frac{1}{8} + \frac{1}{8} =$	
15.	$\frac{5}{8} + \frac{2}{8} + \frac{1}{8} =$	$\frac{8}{8}$
16.	$\frac{8}{8} =$	
17.	$\frac{3}{8} + \frac{3}{8} + \frac{2}{8} =$	
18.	$1 + 1 + 2 =$	
19.	$\frac{1}{3} + \frac{1}{3} + \frac{2}{3} =$	$1\frac{1}{3}$
20.	$\frac{1}{3} + \frac{1}{3} + \frac{2}{3} =$	$1\frac{}{3}$
21.	$3 + 3 + 3 =$	
22.	$\frac{3}{8} + \frac{3}{8} + \frac{3}{8} =$	$1\frac{1}{8}$

23.	$\frac{3}{8} + \frac{3}{8} + \frac{3}{8} =$	$1\frac{}{8}$
24.	$1 + 1 + 1 =$	
25.	$\frac{1}{2} + \frac{1}{2} + \frac{1}{2} =$	$1\frac{1}{2}$
26.	$\frac{1}{2} + \frac{1}{2} + \frac{1}{2} =$	$1\frac{}{2}$
27.	$2 + 2 + 2 =$	
28.	$\frac{2}{5} + \frac{2}{5} + \frac{2}{5} =$	$1\frac{1}{5}$
29.	$\frac{2}{5} + \frac{2}{5} + \frac{2}{5} =$	$1\frac{}{5}$
30.	$\frac{3}{5} + \frac{3}{5} + \frac{3}{5} =$	$1\frac{}{5}$
31.	$6 + 6 + 6 =$	
32.	$\frac{6}{10} + \frac{6}{10} + \frac{6}{10} =$	$1\frac{8}{10}$
33.	$\frac{6}{10} + \frac{6}{10} + \frac{6}{10} =$	$1\frac{}{10}$
34.	$\frac{5}{10} + \frac{5}{10} + \frac{5}{10} =$	$1\frac{}{10}$
35.	$2 + 2 + 2 =$	
36.	$\frac{2}{6} + \frac{2}{6} + \frac{2}{6} =$	$\frac{6}{6}$
37.	$\frac{2}{6} + \frac{2}{6} + \frac{2}{6} =$	
38.	$\frac{3}{6} + \frac{3}{6} + \frac{3}{6} =$	$1\frac{}{6}$
39.	$\frac{5}{12} + \frac{3}{12} + \frac{3}{12} =$	
40.	$\frac{5}{12} + \frac{5}{12} + \frac{2}{12} =$	
41.	$\frac{6}{12} + \frac{5}{12} + \frac{6}{12} =$	$1\frac{}{12}$
42.	$\frac{8}{12} + \frac{10}{12} + \frac{5}{12} =$	$1\frac{}{12}$
43.	$\frac{7}{15} + \frac{7}{15} + \frac{8}{15} =$	$1\frac{}{15}$
44.	$\frac{13}{15} + \frac{9}{15} + \frac{7}{15} =$	$1\frac{}{15}$

第 22 课： 使用分解和视觉化模型对一个整数加或减一个小于 1 的分数。

A

单位的故事　　　　　　　　　　　　　　　　　　　　　正确的数字：_____

把分数转换成带分数

1.	$3 = 2 + \underline{}$		23.	$\frac{6}{3} =$	
2.	$\frac{3}{2} = \frac{2}{2} + \frac{}{2}$		24.	$\frac{}{3} = \frac{6}{3} + \frac{2}{3}$	
3.	$\frac{3}{2} = 1 + \frac{}{2}$		25.	$\frac{8}{3} = \frac{6}{3} + \frac{}{3}$	
4.	$\frac{3}{2} = 1\frac{}{2}$		26.	$\frac{8}{3} = 2 + \frac{}{3}$	
5.	$5 = 4 + \underline{}$		27.	$\frac{8}{3} = 2\frac{}{3}$	
6.	$\frac{5}{4} = \frac{4}{4} + \frac{}{4}$		28.	$\frac{}{4} = \frac{8}{4} + \frac{1}{4}$	
7.	$\frac{5}{4} = 1 + \frac{}{4}$		29.	$\frac{}{4} = 2 + \frac{1}{4}$	
8.	$\frac{5}{4} = 1\frac{}{4}$		30.	$\frac{9}{4} = \underline{}\frac{1}{4}$	
9.	$4 = \underline{} + 1$		31.	$\frac{11}{4} = \underline{}\frac{3}{4}$	
10.	$\frac{4}{3} = \frac{}{3} + \frac{1}{3}$		32.	$\frac{8}{3} = \frac{}{3} + \frac{2}{3}$	
11.	$\frac{4}{3} = 1 + \frac{}{3}$		33.	$\frac{8}{3} = \frac{6}{3} + \frac{}{3}$	
12.	$\frac{4}{3} = \underline{}\frac{1}{3}$		34.	$\frac{8}{3} = \underline{} + \frac{2}{3}$	
13.	$7 = \underline{} + 2$		35.	$\frac{8}{3} = \underline{}\frac{2}{3}$	
14.	$\frac{7}{5} = \frac{}{5} + \frac{2}{5}$		36.	$\frac{14}{5} = \frac{10}{5} + \frac{}{5}$	
15.	$\frac{7}{5} = 1 + \frac{}{5}$		37.	$\frac{14}{5} = \underline{} + \frac{4}{5}$	
16.	$\frac{7}{5} = 1\frac{}{5}$		38.	$\frac{14}{5} = 2\frac{}{5}$	
17.	$\frac{8}{5} = 1\frac{}{5}$		39.	$\frac{13}{5} = 2\frac{}{5}$	
18.	$\frac{9}{5} = 1\frac{}{5}$		40.	$\frac{9}{8} = 1 + \frac{}{8}$	
19.	$\frac{6}{5} = 1\frac{}{5}$		41.	$\frac{15}{8} = 1 + \frac{}{8}$	
20.	$\frac{10}{5} =$		42.	$\frac{17}{12} = \frac{}{12} + \frac{5}{12}$	
21.	$\frac{}{5} = \frac{10}{5} + \frac{1}{5}$		43.	$\frac{11}{8} = 1 + \frac{}{8}$	
22.	$\frac{}{5} = 2 + \frac{1}{5}$		44.	$\frac{17}{12} = 1 + \frac{}{12}$	

第 30 课：　　一个带分数加一个分数。

B

把分数转换成带分数

答对数目: _____
提高: _____

1.	$6 = 5 + \_\_$		23.	$\frac{4}{2} =$	
2.	$\frac{6}{5} = \frac{5}{5} + \frac{\_}{5}$		24.	$\frac{\_}{2} = \frac{4}{2} + \frac{1}{2}$	
3.	$\frac{6}{5} = 1 + \frac{\_}{5}$		25.	$\frac{5}{2} = \frac{4}{2} + \frac{\_}{2}$	
4.	$\frac{6}{5} = 1\frac{\_}{5}$		26.	$\frac{5}{2} = 2 + \frac{\_}{2}$	
5.	$4 = 3 + \_\_$		27.	$\frac{5}{2} = 2\frac{\_}{2}$	
6.	$\frac{4}{3} = \frac{3}{3} + \frac{\_}{3}$		28.	$\frac{\_}{5} = \frac{10}{5} + \frac{1}{5}$	
7.	$\frac{4}{3} = 1 + \frac{\_}{3}$		29.	$\frac{\_}{5} = 2 + \frac{1}{5}$	
8.	$\frac{4}{3} = 1\frac{\_}{3}$		30.	$\frac{11}{5} = \_\_\frac{1}{5}$	
9.	$5 = \_\_ + 1$		31.	$\frac{13}{5} = \_\_\frac{3}{5}$	
10.	$\frac{5}{4} = \frac{\_}{4} + \frac{1}{4}$		32.	$\frac{5}{3} = \frac{\_}{3} + \frac{1}{3}$	
11.	$\frac{5}{4} = 1 + \frac{\_}{4}$		33.	$\frac{5}{2} = \frac{4}{2} + \frac{\_}{2}$	
12.	$\frac{5}{4} = \_\_\frac{1}{4}$		34.	$\frac{5}{2} = \_\_ + \frac{1}{2}$	
13.	$8 = \_\_ + 3$		35.	$\frac{5}{2} = \_\_\frac{1}{2}$	
14.	$\frac{8}{5} = \frac{\_}{5} + \frac{3}{5}$		36.	$\frac{12}{5} = \frac{10}{5} + \frac{\_}{5}$	
15.	$\frac{8}{5} = 1 + \frac{\_}{5}$		37.	$\frac{12}{5} = \_\_ + \frac{2}{5}$	
16.	$\frac{8}{5} = 1\frac{\_}{5}$		38.	$\frac{12}{5} = 2\frac{\_}{5}$	
17.	$\frac{9}{5} = 1\frac{\_}{5}$		39.	$\frac{14}{5} = 2\frac{\_}{5}$	
18.	$\frac{6}{5} = 1\frac{\_}{5}$		40.	$\frac{9}{8} = 1 + \frac{\_}{8}$	
19.	$\frac{7}{5} = 1\frac{\_}{5}$		41.	$\frac{11}{8} = 1 + \frac{\_}{8}$	
20.	$\frac{6}{3} =$		42.	$\frac{19}{12} = \frac{\_}{12} + \frac{7}{12}$	
21.	$\frac{\_}{3} = \frac{6}{3} + \frac{1}{3}$		43.	$\frac{15}{8} = 1 + \frac{\_}{8}$	
22.	$\frac{\_}{3} = 2 + \frac{1}{3}$		44.	$\frac{19}{12} = 1 + \frac{\_}{12}$	

A

把分数转换成带分数

答对数目：_____

1.	$3 + 1 =$		23.	$1\frac{3}{8} = \frac{}{8}$	
2.	$\frac{3}{3} + \frac{1}{3} = \frac{}{3}$		24.	$2 + \frac{1}{3} = 2\frac{}{3}$	
3.	$1 + \frac{1}{3} = \frac{}{3}$		25.	$\frac{6}{3} + \frac{1}{3} = \frac{}{3}$	
4.	$1\frac{1}{3} = \frac{}{3}$		26.	$2 + \frac{1}{3} = \frac{}{3}$	
5.	$5 + 1 =$		27.	$2\frac{1}{3} = \frac{}{3}$	
6.	$\frac{5}{5} + \frac{1}{5} = \frac{}{5}$		28.	$2 + \frac{1}{5} = 2\frac{}{5}$	
7.	$1 + \frac{1}{5} = \frac{}{5}$		29.	$\frac{10}{5} + \frac{1}{5} = \frac{}{5}$	
8.	$1\frac{1}{5} = \frac{}{5}$		30.	$2 + \frac{1}{5} = \frac{}{5}$	
9.	$2 + 1 =$		31.	$2\frac{1}{5} = \frac{}{5}$	
10.	$\frac{2}{2} + \frac{1}{2} = \frac{}{2}$		32.	$\frac{8}{4} + \frac{3}{4} = \frac{}{4}$	
11.	$1 + \frac{1}{2} = \frac{}{2}$		33.	$2 + \frac{3}{4} = \frac{}{4}$	
12.	$1\frac{1}{2} = \frac{}{2}$		34.	$2\frac{3}{4} = \frac{}{4}$	
13.	$\frac{4}{4} + \frac{1}{4} = \frac{}{4}$		35.	$\frac{12}{3} + \frac{2}{3} = \frac{}{3}$	
14.	$1 + \frac{1}{4} = \frac{}{4}$		36.	$4 + \frac{2}{3} = \frac{}{3}$	
15.	$1\frac{1}{4} = \frac{}{4}$		37.	$4\frac{2}{3} = \frac{}{3}$	
16.	$1\frac{3}{4} = \frac{}{4}$		38.	$3 + \frac{3}{5} = \frac{}{5}$	
17.	$\frac{5}{5} + \frac{1}{5} = \frac{}{5}$		39.	$3 + \frac{1}{2} = \frac{}{2}$	
18.	$1 + \frac{1}{5} = \frac{}{5}$		40.	$4 + \frac{3}{4} = \frac{}{4}$	
19.	$1\frac{1}{5} = \frac{}{5}$		41.	$2 + \frac{1}{6} = \frac{}{6}$	
20.	$1\frac{3}{5} = \frac{}{5}$		42.	$2 + \frac{5}{8} = \frac{}{8}$	
21.	$\frac{8}{8} + \frac{3}{8} = \frac{}{8}$		43.	$2\frac{4}{5} = \frac{}{5}$	
22.	$1 + \frac{3}{8} = \frac{}{8}$		44.	$3\frac{7}{8} = \frac{}{8}$	

第 31 课： 带分数相加。

B

单位的故事 第31课冲刺 4•5

正确的数字：_____

提高：_____

把分数转换成带分数

1.	$4 + 1 =$	
2.	$\frac{4}{4} + \frac{1}{4} = \frac{\ }{4}$	
3.	$1 + \frac{1}{4} = \frac{\ }{4}$	
4.	$1\frac{1}{4} = \frac{\ }{4}$	
5.	$2 + 1 =$	
6.	$\frac{2}{2} + \frac{1}{2} = \frac{\ }{2}$	
7.	$1 + \frac{1}{2} = \frac{\ }{2}$	
8.	$1\frac{1}{2} = \frac{\ }{2}$	
9.	$5 + 1 =$	
10.	$\frac{5}{5} + \frac{1}{5} = \frac{\ }{5}$	
11.	$1 + \frac{1}{5} = \frac{\ }{5}$	
12.	$1\frac{1}{5} = \frac{\ }{5}$	
13.	$\frac{3}{3} + \frac{1}{3} = \frac{\ }{3}$	
14.	$1 + \frac{1}{3} = \frac{\ }{3}$	
15.	$1\frac{1}{3} = \frac{\ }{3}$	
16.	$1\frac{2}{3} = \frac{\ }{3}$	
17.	$\frac{10}{10} + \frac{1}{10} = \frac{\ }{10}$	
18.	$1 + \frac{1}{10} = \frac{\ }{10}$	
19.	$1\frac{1}{10} = \frac{\ }{10}$	
20.	$1\frac{7}{10} = \frac{\ }{10}$	
21.	$\frac{8}{8} + \frac{5}{8} = \frac{\ }{8}$	
22.	$1 + \frac{5}{8} = \frac{\ }{8}$	

23.	$1\frac{5}{8} = \frac{\ }{8}$	
24.	$2 + \frac{1}{2} = 2\frac{\ }{2}$	
25.	$\frac{4}{2} + \frac{1}{2} = \frac{\ }{2}$	
26.	$2 + \frac{1}{2} = \frac{\ }{2}$	
27.	$2\frac{1}{2} = \frac{\ }{2}$	
28.	$2 + \frac{1}{4} = 2\frac{\ }{4}$	
29.	$\frac{8}{4} + \frac{1}{4} = \frac{\ }{4}$	
30.	$2 + \frac{1}{4} = \frac{\ }{4}$	
31.	$2\frac{1}{4} = \frac{\ }{4}$	
32.	$\frac{6}{3} + \frac{2}{3} = \frac{\ }{3}$	
33.	$2 + \frac{2}{3} = \frac{\ }{3}$	
34.	$2\frac{2}{3} = \frac{\ }{3}$	
35.	$\frac{12}{4} + \frac{3}{4} = \frac{\ }{4}$	
36.	$3 + \frac{3}{4} = \frac{\ }{4}$	
37.	$3\frac{3}{4} = \frac{\ }{4}$	
38.	$3 + \frac{4}{5} = \frac{\ }{5}$	
39.	$4 + \frac{1}{2} = \frac{\ }{2}$	
40.	$4 + \frac{2}{3} = \frac{\ }{3}$	
41.	$3 + \frac{1}{6} = \frac{\ }{6}$	
42.	$2 + \frac{7}{8} = \frac{\ }{8}$	
43.	$2\frac{3}{5} = \frac{\ }{5}$	
44.	$2\frac{7}{8} = \frac{\ }{8}$	

第31课: 带分数相加。

A

单位的故事　　　　　　　　　　　　　　　　　正确的数字：_____

把带分数转换成分数

1.	$2 + 1 =$	
2.	$\frac{2}{2} + \frac{1}{2} = \frac{}{2}$	
3.	$1 + \frac{1}{2} = \frac{}{2}$	
4.	$1\frac{1}{2} = \frac{}{2}$	
5.	$4 + 1 =$	
6.	$\frac{4}{4} + \frac{1}{4} = \frac{}{4}$	
7.	$1 + \frac{1}{4} = \frac{}{4}$	
8.	$1\frac{1}{4} = \frac{}{4}$	
9.	$3 + 1 =$	
10.	$\frac{3}{3} + \frac{1}{3} = \frac{}{3}$	
11.	$1 + \frac{1}{3} = \frac{}{3}$	
12.	$1\frac{1}{3} = \frac{}{3}$	
13.	$\frac{5}{5} + \frac{1}{5} = \frac{}{5}$	
14.	$1 + \frac{1}{5} = \frac{}{5}$	
15.	$1\frac{1}{5} = \frac{}{5}$	
16.	$1\frac{2}{5} = \frac{}{5}$	
17.	$1\frac{4}{5} = \frac{}{5}$	
18.	$1\frac{3}{5} = \frac{}{5}$	
19.	$\frac{4}{4} + \frac{3}{4} = \frac{}{4}$	
20.	$1 + \frac{3}{4} = \frac{}{4}$	
21.	$\frac{6}{6} + \frac{5}{6} = \frac{}{6}$	
22.	$1 + \frac{5}{6} = \frac{}{6}$	

23.	$1\frac{5}{6} = \frac{}{6}$	
24.	$2 + \frac{1}{2} = 2\frac{}{2}$	
25.	$\frac{4}{2} + \frac{1}{2} = \frac{}{2}$	
26.	$2 + \frac{1}{2} = \frac{}{2}$	
27.	$2\frac{1}{2} = \frac{}{2}$	
28.	$2 + \frac{1}{4} = 2\frac{}{4}$	
29.	$\frac{8}{4} + \frac{1}{4} = \frac{}{4}$	
30.	$2 + \frac{1}{4} = \frac{}{4}$	
31.	$2\frac{1}{4} = \frac{}{4}$	
32.	$\frac{9}{3} + \frac{2}{3} = \frac{}{3}$	
33.	$3 + \frac{2}{3} = \frac{}{3}$	
34.	$3\frac{2}{3} = \frac{}{3}$	
35.	$\frac{16}{4} + \frac{3}{4} = \frac{}{4}$	
36.	$4 + \frac{3}{4} = \frac{}{4}$	
37.	$4\frac{3}{4} = \frac{}{4}$	
38.	$3 + \frac{2}{5} = \frac{}{5}$	
39.	$4 + \frac{1}{2} = \frac{}{2}$	
40.	$3 + \frac{3}{4} = \frac{}{4}$	
41.	$3 + \frac{1}{6} = \frac{}{6}$	
42.	$3 + \frac{5}{8} = \frac{}{8}$	
43.	$3\frac{4}{5} = \frac{}{5}$	
44.	$4\frac{7}{8} = \frac{}{8}$	

第 33 课：　从一个带分数减去一个带分数。

B

把带分数转换成分数

正确的数字：_____

提高：_____

1.	$5 + 1 =$			23.	$1\frac{7}{8} = \frac{}{8}$	
2.	$\frac{5}{5} + \frac{1}{5} = \frac{}{5}$			24.	$2 + \frac{1}{2} = 2\frac{}{2}$	
3.	$1 + \frac{1}{5} = \frac{}{5}$			25.	$\frac{4}{2} + \frac{1}{2} = \frac{}{2}$	
4.	$1\frac{1}{5} = \frac{}{5}$			26.	$2 + \frac{1}{2} = \frac{}{2}$	
5.	$3 + 1 =$			27.	$2\frac{1}{2} = \frac{}{2}$	
6.	$\frac{3}{3} + \frac{1}{3} = \frac{}{3}$			28.	$2 + \frac{1}{3} = 2\frac{}{3}$	
7.	$1 + \frac{1}{3} = \frac{}{3}$			29.	$\frac{6}{3} + \frac{1}{3} = \frac{}{3}$	
8.	$1\frac{1}{3} = \frac{}{3}$			30.	$2 + \frac{1}{3} = \frac{}{3}$	
9.	$4 + 1 =$			31.	$2\frac{1}{3} = \frac{}{3}$	
10.	$\frac{4}{4} + \frac{1}{4} = \frac{}{4}$			32.	$\frac{12}{4} + \frac{3}{4} = \frac{}{4}$	
11.	$1 + \frac{1}{4} = \frac{}{4}$			33.	$3 + \frac{3}{4} = \frac{}{4}$	
12.	$1\frac{1}{4} = \frac{}{4}$			34.	$3\frac{3}{4} = \frac{}{4}$	
13.	$\frac{10}{10} + \frac{1}{10} = \frac{}{10}$			35.	$\frac{12}{3} + \frac{2}{3} = \frac{}{3}$	
14.	$1 + \frac{1}{10} = \frac{}{10}$			36.	$4 + \frac{2}{3} = \frac{}{3}$	
15.	$1\frac{1}{10} = \frac{}{10}$			37.	$4\frac{2}{3} = \frac{}{3}$	
16.	$1\frac{2}{10} = \frac{}{10}$			38.	$3 + \frac{3}{5} = \frac{}{5}$	
17.	$1\frac{4}{10} = \frac{}{10}$			39.	$5 + \frac{1}{2} = \frac{}{2}$	
18.	$1\frac{3}{10} = \frac{}{10}$			40.	$3 + \frac{2}{3} = \frac{}{3}$	
19.	$\frac{3}{3} + \frac{2}{3} = \frac{}{3}$			41.	$3 + \frac{1}{8} = \frac{}{8}$	
20.	$1 + \frac{2}{3} = \frac{}{3}$			42.	$3 + \frac{1}{6} = \frac{}{6}$	
21.	$\frac{8}{8} + \frac{7}{8} = \frac{}{8}$			43.	$3\frac{2}{5} = \frac{}{5}$	
22.	$1 + \frac{7}{8} = \frac{}{8}$			44.	$4\frac{5}{6} = \frac{}{6}$	

第33课： 从一个带分数减去一个带分数。

A

单位的故事　　　　　　　　　　　　　　　　　　　　　　　第 34 课冲刺　4•5

正确的数字：_____

把带分数转换成分数

1.	$4 = 3 + \underline{}$	
2.	$\frac{4}{3} = \frac{3}{3} + \frac{\ }{3}$	
3.	$\frac{4}{3} = 1 + \frac{\ }{3}$	
4.	$\frac{4}{3} = 1\frac{\ }{3}$	
5.	$6 = 5 + \underline{}$	
6.	$\frac{6}{5} = \frac{5}{5} + \frac{\ }{5}$	
7.	$\frac{6}{5} = 1 + \frac{\ }{5}$	
8.	$\frac{6}{5} = 1\frac{\ }{5}$	
9.	$5 = \underline{} + 1$	
10.	$\frac{5}{4} = \frac{\ }{4} + \frac{1}{4}$	
11.	$\frac{5}{4} = 1 + \frac{\ }{4}$	
12.	$\frac{5}{4} = \underline{}\frac{1}{4}$	
13.	$8 = \underline{} + 3$	
14.	$\frac{8}{5} = \frac{\ }{5} + \frac{3}{5}$	
15.	$\frac{8}{5} = 1 + \frac{\ }{5}$	
16.	$\frac{8}{5} = 1\frac{\ }{5}$	
17.	$\frac{7}{5} = 1\frac{\ }{5}$	
18.	$\frac{6}{5} = 1\frac{\ }{5}$	
19.	$\frac{9}{5} = 1\frac{\ }{5}$	
20.	$\frac{10}{5} =$	
21.	$\frac{\ }{5} = \frac{10}{5} + \frac{4}{5}$	
22.	$\frac{\ }{5} = 2 + \frac{4}{5}$	
23.	$\frac{8}{4} =$	
24.	$\frac{\ }{4} = \frac{8}{4} + \frac{3}{4}$	
25.	$\frac{11}{4} = \frac{8}{4} + \frac{\ }{4}$	
26.	$\frac{11}{4} = 2 + \frac{\ }{4}$	
27.	$\frac{11}{4} = 2\frac{\ }{4}$	
28.	$\frac{\ }{3} = \frac{6}{3} + \frac{1}{3}$	
29.	$\frac{\ }{3} = 2 + \frac{1}{3}$	
30.	$\frac{7}{3} = \underline{}\frac{1}{3}$	
31.	$\frac{8}{3} = \underline{}\frac{2}{3}$	
32.	$\frac{17}{5} = \frac{\ }{5} + \frac{2}{5}$	
33.	$\frac{17}{5} = \frac{15}{5} + \frac{\ }{5}$	
34.	$\frac{17}{5} = \underline{} + \frac{2}{5}$	
35.	$\frac{17}{5} = \underline{}\frac{2}{5}$	
36.	$\frac{13}{6} = \frac{12}{6} + \frac{\ }{6}$	
37.	$\frac{13}{6} = \underline{} + \frac{1}{6}$	
38.	$\frac{13}{6} = 2\frac{\ }{6}$	
39.	$\frac{17}{6} = 2\frac{\ }{6}$	
40.	$\frac{9}{8} = 1 + \frac{\ }{8}$	
41.	$\frac{13}{8} = 1 + \frac{\ }{8}$	
42.	$\frac{19}{10} = 1 + \frac{\ }{10}$	
43.	$\frac{19}{12} = \frac{\ }{12} + \frac{7}{12}$	
44.	$\frac{11}{6} = 1 + \frac{\ }{6}$	

第 34 课：　减去带分数

B

单位的故事　　　　　　　　　　　　　　　　　　　第 34 课冲刺　4•5

正确的数字：_____

把带分数转换成分数　　　　　　　　　　　　　　　　　　提高：_____

1.	$5 = 4 + \underline{}$	
2.	$\frac{5}{4} = \frac{4}{4} + \frac{}{4}$	
3.	$\frac{5}{4} = 1 + \frac{}{4}$	
4.	$\frac{5}{4} = 1\frac{}{4}$	
5.	$3 = 2 + \underline{}$	
6.	$\frac{3}{2} = \frac{2}{2} + \frac{}{2}$	
7.	$\frac{3}{2} = 1 + \frac{}{2}$	
8.	$\frac{3}{2} = 1\frac{}{2}$	
9.	$9 = \underline{} + 1$	
10.	$\frac{9}{8} = \frac{}{8} + \frac{1}{8}$	
11.	$\frac{9}{8} = 1 + \frac{}{8}$	
12.	$\frac{9}{8} = \underline{} \frac{1}{8}$	
13.	$9 = \underline{} + 4$	
14.	$\frac{9}{5} = \frac{}{5} + \frac{4}{5}$	
15.	$\frac{9}{5} = 1 + \frac{}{5}$	
16.	$\frac{9}{5} = 1\frac{}{5}$	
17.	$\frac{8}{5} = 1\frac{}{5}$	
18.	$\frac{7}{5} = 1\frac{}{5}$	
19.	$\frac{6}{5} = 1\frac{}{5}$	
20.	$\frac{8}{4} =$	
21.	$\frac{}{4} = \frac{8}{4} + \frac{1}{4}$	
22.	$\frac{}{4} = 2 + \frac{1}{4}$	

23.	$\frac{6}{3} =$	
24.	$\frac{}{3} = \frac{6}{3} + \frac{2}{3}$	
25.	$\frac{8}{3} = \frac{6}{3} + \frac{}{3}$	
26.	$\frac{8}{3} = 2 + \frac{}{3}$	
27.	$\frac{8}{3} = 2\frac{}{3}$	
28.	$\frac{}{10} = \frac{20}{10} + \frac{1}{10}$	
29.	$\frac{}{10} = 2 + \frac{1}{10}$	
30.	$\frac{21}{10} = \underline{} \frac{1}{10}$	
31.	$\frac{27}{10} = \underline{} \frac{7}{10}$	
32.	$\frac{13}{6} = \frac{}{6} + \frac{1}{6}$	
33.	$\frac{13}{6} = \frac{12}{6} + \frac{}{6}$	
34.	$\frac{13}{6} = \underline{} + \frac{1}{6}$	
35.	$\frac{13}{6} = \underline{} \frac{1}{6}$	
36.	$\frac{17}{8} = \frac{16}{8} + \frac{}{8}$	
37.	$\frac{17}{8} = \frac{}{8} + \frac{1}{8}$	
38.	$\frac{17}{8} = 2\frac{}{8}$	
39.	$\frac{21}{8} = 2\frac{}{8}$	
40.	$\frac{7}{6} = 1 + \frac{}{6}$	
41.	$\frac{11}{6} = 1 + \frac{}{6}$	
42.	$\frac{13}{5} = 2 + \frac{}{5}$	
43.	$\frac{17}{12} = \frac{}{12} + \frac{5}{12}$	
44.	$\frac{13}{8} = 1 + \frac{}{8}$	

第 34 课：　减去带分数

A

正确的数字:_____

整数乘以分数

1.	$\frac{1}{3} + \frac{1}{3} =$	
2.	$2 \times \frac{1}{3} =$	
3.	$\frac{1}{4} + \frac{1}{4} + \frac{1}{4} =$	
4.	$3 \times \frac{1}{4} =$	
5.	$\frac{1}{5} + \frac{1}{5} =$	
6.	$2 \times \frac{1}{5} =$	
7.	$\frac{1}{5} + \frac{1}{5} + \frac{1}{5} =$	
8.	$3 \times \frac{1}{5} =$	
9.	$\frac{1}{5} + \frac{1}{5} + \frac{1}{5} + \frac{1}{5} =$	
10.	$4 \times \frac{1}{5} =$	
11.	$\frac{1}{10} + \frac{1}{10} + \frac{1}{10} =$	
12.	$3 \times \frac{1}{10} =$	
13.	$\frac{1}{8} + \frac{1}{8} + \frac{1}{8} =$	
14.	$3 \times \frac{1}{8} =$	
15.	$\frac{1}{2} + \frac{1}{2} =$	
16.	$2 \times \frac{1}{2} =$	
17.	$\frac{1}{3} + \frac{1}{3} + \frac{1}{3} =$	
18.	$3 \times \frac{1}{3} =$	
19.	$\frac{1}{4} + \frac{1}{4} + \frac{1}{4} + \frac{1}{4} =$	
20.	$4 \times \frac{1}{4} =$	
21.	$\frac{1}{2} + \frac{1}{2} + \frac{1}{2} =$	
22.	$3 \times \frac{1}{2} =$	

23.	$\frac{1}{3} + \frac{1}{3} + \frac{1}{3} + \frac{1}{3} =$	
24.	$4 \times \frac{1}{3} =$	
25.	$\frac{5}{6} =$	$\underline{\quad} \times \frac{1}{6}$
26.	$\frac{5}{6} =$	$5 \times \underline{\quad}$
27.	$\frac{5}{8} =$	$5 \times \underline{\quad}$
28.	$\frac{5}{8} =$	$\underline{\quad} \times \frac{1}{8}$
29.	$\frac{7}{8} =$	$7 \times \underline{\quad}$
30.	$\frac{7}{10} =$	$7 \times \underline{\quad}$
31.	$\frac{7}{8} =$	$\underline{\quad} \times \frac{1}{8}$
32.	$\frac{7}{10} =$	$\underline{\quad} \times \frac{1}{10}$
33.	$\frac{6}{6} =$	$6 \times \underline{\quad}$
34.	$1 =$	$6 \times \underline{\quad}$
35.	$\frac{8}{8} =$	$\underline{\quad} \times \frac{1}{8}$
36.	$1 =$	$\underline{\quad} \times \frac{1}{8}$
37.	$9 \times \frac{1}{10} =$	
38.	$7 \times \frac{1}{5} =$	
39.	$1 =$	$3 \times \underline{\quad}$
40.	$7 \times \frac{1}{12} =$	
41.	$1 =$	$\underline{\quad} \times \frac{1}{5}$
42.	$\frac{3}{5} =$	$\frac{1}{5} + \frac{1}{5} + \underline{\quad}$
43.	$3 \times \frac{1}{4} =$	$\underline{\quad} + \frac{1}{4} + \frac{1}{4}$
44.	$1 =$	$\underline{\quad} + \underline{\quad} + \underline{\quad}$

B

正确的数字: _____

整数乘以分数

提高: _____

1.	$\frac{1}{5} + \frac{1}{5} =$		23.	$\frac{1}{2} + \frac{1}{2} + \frac{1}{2} =$	
2.	$2 \times \frac{1}{5} =$		24.	$3 \times \frac{1}{2} =$	
3.	$\frac{1}{3} + \frac{1}{3} =$		25.	$\frac{5}{6} =$	$\underline{} \times \frac{1}{6}$
4.	$2 \times \frac{1}{3} =$		26.	$\frac{5}{6} =$	$5 \times \underline{}$
5.	$\frac{1}{4} + \frac{1}{4} + \frac{1}{4} =$		27.	$\frac{5}{8} =$	$5 \times \underline{}$
6.	$3 \times \frac{1}{4} =$		28.	$\frac{5}{8} =$	$\underline{} \times \frac{1}{8}$
7.	$\frac{1}{5} + \frac{1}{5} + \frac{1}{5} =$		29.	$\frac{7}{8} =$	$7 \times \underline{}$
8.	$3 \times \frac{1}{5} =$		30.	$\frac{7}{10} =$	$7 \times \underline{}$
9.	$\frac{1}{5} + \frac{1}{5} + \frac{1}{5} + \frac{1}{5} =$		31.	$\frac{7}{8} =$	$\underline{} \times \frac{1}{8}$
10.	$4 \times \frac{1}{5} =$		32.	$\frac{7}{10} =$	$\underline{} \times \frac{1}{10}$
11.	$\frac{1}{8} + \frac{1}{8} + \frac{1}{8} =$		33.	$\frac{8}{8} =$	$8 \times \underline{}$
12.	$3 \times \frac{1}{8} =$		34.	$1 =$	$8 \times \underline{}$
13.	$\frac{1}{10} + \frac{1}{10} + \frac{1}{10} =$		35.	$\frac{6}{6} =$	$\underline{} \times \frac{1}{6}$
14.	$3 \times \frac{1}{10} =$		36.	$1 =$	$\underline{} \times \frac{1}{6}$
15.	$\frac{1}{3} + \frac{1}{3} + \frac{1}{3} =$		37.	$5 \times \frac{1}{12} =$	
16.	$3 \times \frac{1}{3} =$		38.	$6 \times \frac{1}{5} =$	
17.	$\frac{1}{4} + \frac{1}{4} + \frac{1}{4} + \frac{1}{4} =$		39.	$1 =$	$4 \times \underline{}$
18.	$4 \times \frac{1}{4} =$		40.	$9 \times \frac{1}{10} =$	
19.	$\frac{1}{2} + \frac{1}{2} =$		41.	$1 =$	$\underline{} \times \frac{1}{3}$
20.	$2 \times \frac{1}{2} =$		42.	$\frac{3}{4} =$	$\frac{1}{4} + \frac{1}{4} + \underline{}$
21.	$\frac{1}{3} + \frac{1}{3} + \frac{1}{3} + \frac{1}{3} =$		43.	$3 \times \frac{1}{5} =$	$\underline{} + \frac{1}{5} + \frac{1}{5}$
22.	$4 \times \frac{1}{3} =$		44.	$1 =$	$\underline{} + \underline{} + \underline{} + \underline{}$

第 39 课: 解决涉及分数的乘数比较文字题。

四年级

模块 6

第四章

対策

A

单位的故事 第1课冲刺练习 4•6

正确数字：_____

除以 10

1.	20 ÷ 10 =		23.	50 ÷ 10 =	
2.	30 ÷ 10 =		24.	850 ÷ 10 =	
3.	40 ÷ 10 =		25.	1,850 ÷ 10 =	
4.	80 ÷ 10 =		26.	70 ÷ 10 =	
5.	50 ÷ 10 =		27.	270 ÷ 10 =	
6.	90 ÷ 10 =		28.	4,270 ÷ 10 =	
7.	70 ÷ 10 =		29.	90 ÷ 10 =	
8.	60 ÷ 10 =		30.	590 ÷ 10 =	
9.	10 ÷ 10 =		31.	7,590 ÷ 10 =	
10.	100 ÷ 10 =		32.	120 ÷ 10 =	
11.	20 ÷ 10 =		33.	1,200 ÷ 10 =	
12.	120 ÷ 10 =		34.	2,000 ÷ 10 =	
13.	50 ÷ 10 =		35.	240 ÷ 10 =	
14.	150 ÷ 10 =		36.	2,400 ÷ 10 =	
15.	80 ÷ 10 =		37.	4,000 ÷ 10 =	
16.	180 ÷ 10 =		38.	690 ÷ 10 =	
17.	280 ÷ 10 =		39.	6,900 ÷ 10 =	
18.	380 ÷ 10 =		40.	9,000 ÷ 10 =	
19.	680 ÷ 10 =		41.	940 ÷ 10 =	
20.	640 ÷ 10 =		42.	5,280 ÷ 10 =	
21.	870 ÷ 10 =		43.	6,700 ÷ 10 =	
22.	430 ÷ 10 =		44.	7,000 ÷ 10 =	

第1课： 使用公制计量，把一个整体分解为十分之一并进行建模。

B

除以 10

正确数字：_____

提高：_____

1.	10 ÷ 10 =	
2.	20 ÷ 10 =	
3.	30 ÷ 10 =	
4.	70 ÷ 10 =	
5.	40 ÷ 10 =	
6.	80 ÷ 10 =	
7.	60 ÷ 10 =	
8.	50 ÷ 10 =	
9.	90 ÷ 10 =	
10.	100 ÷ 10 =	
11.	30 ÷ 10 =	
12.	130 ÷ 10 =	
13.	60 ÷ 10 =	
14.	160 ÷ 10 =	
15.	90 ÷ 10 =	
16.	190 ÷ 10 =	
17.	290 ÷ 10 =	
18.	390 ÷ 10 =	
19.	690 ÷ 10 =	
20.	650 ÷ 10 =	
21.	860 ÷ 10 =	
22.	420 ÷ 10 =	

23.	40 ÷ 10 =	
24.	840 ÷ 10 =	
25.	1,840 ÷ 10 =	
26.	80 ÷ 10 =	
27.	280 ÷ 10 =	
28.	4,280 ÷ 10 =	
29.	60 ÷ 10 =	
30.	560 ÷ 10 =	
31.	7,560 ÷ 10 =	
32.	130 ÷ 10 =	
33.	1,300 ÷ 10 =	
34.	3,000 ÷ 10 =	
35.	250 ÷ 10 =	
36.	2,500 ÷ 10 =	
37.	5,000 ÷ 10 =	
38.	740 ÷ 10 =	
39.	7,400 ÷ 10 =	
40.	4,000 ÷ 10 =	
41.	910 ÷ 10 =	
42.	5,820 ÷ 10 =	
43.	7,600 ÷ 10 =	
44.	6,000 ÷ 10 =	

第 1 课： 使用公制计量，把一个整体分解为十分之一并进行建模。

A

单位的故事

正确数字：_____

写出分数和小数。

1.	$\frac{2}{10}=$	.		23.	$1=$	$\frac{}{10}$
2.	$\frac{3}{10}=$	.		24.	$2=$	$\frac{}{10}$
3.	$\frac{4}{10}=$	.		25.	$5=$	$\frac{}{10}$
4.	$\frac{8}{10}=$	.		26.	$4=$	$\frac{}{10}$
5.	$\frac{6}{10}=$	.		27.	$4.1=$	$\frac{}{10}$
6.	$0.1=$	$\frac{}{10}$		28.	$4.2=$	$\frac{}{10}$
7.	$0.2=$	$\frac{}{10}$		29.	$4.6=$	$\frac{}{10}$
8.	$0.3=$	$\frac{}{10}$		30.	$2.6=$	$\frac{}{10}$
9.	$0.7=$	$\frac{}{10}$		31.	$3.6=$	$\frac{}{10}$
10.	$0.5=$	$\frac{}{10}$		32.	$3.4=$	$\frac{}{10}$
11.	$\frac{5}{10}=$	.		33.	$2.3=$	$\frac{}{10}$
12.	$0.8=$	$\frac{}{10}$		34.	$4\frac{3}{10}=$	.
13.	$\frac{7}{10}=$	.		35.	$\frac{20}{10}=$	.
14.	$0.4=$	$\frac{}{10}$		36.	$1.8=$	$\frac{}{10}$
15.	$\frac{9}{10}=$	.		37.	$3\frac{4}{10}=$	.
16.	$\frac{10}{10}=$	.		38.	$\frac{50}{10}=$	.
17.	$\frac{11}{10}=$	.		39.	$4.7=$	$\frac{}{10}$
18.	$\frac{12}{10}=$	.		40.	$2\frac{8}{10}=$	.
19.	$\frac{15}{10}=$	.		41.	$\frac{30}{10}=$	.
20.	$\frac{25}{10}=$	.		42.	$3.2=$	$\frac{}{10}$
21.	$\frac{45}{10}=$	.		43.	$\frac{20}{10}=$	.
22.	$\frac{38}{10}=$	.		44.	$2.1=$	$\frac{}{10}$

第 4 课： 使用米，把一个整体分解为百分之一并进行建模。代表和计数百分之一。

B

正确数字: _____

提高: _____

写出分数和小数。

1.	$\frac{1}{10} =$	.
2.	$\frac{2}{10} =$	.
3.	$\frac{3}{10} =$	.
4.	$\frac{7}{10} =$	.
5.	$\frac{5}{10} =$	.
6.	$0.2 =$	$\frac{}{10}$
7.	$0.3 =$	$\frac{}{10}$
8.	$0.4 =$	$\frac{}{10}$
9.	$0.8 =$	$\frac{}{10}$
10.	$0.6 =$	$\frac{}{10}$
11.	$\frac{4}{10} =$	.
12.	$0.9 =$	$\frac{}{10}$
13.	$\frac{6}{10} =$	.
14.	$0.5 =$	$\frac{}{10}$
15.	$\frac{9}{10} =$	.
16.	$\frac{10}{10} =$	.
17.	$\frac{11}{10} =$	.
18.	$\frac{12}{10} =$	.
19.	$\frac{17}{10} =$	.
20.	$\frac{27}{10} =$	.
21.	$\frac{47}{10} =$	.
22.	$\frac{34}{10} =$	.

23.	$1 =$	$\frac{}{10}$
24.	$2 =$	$\frac{}{10}$
25.	$4 =$	$\frac{}{10}$
26.	$3 =$	$\frac{}{10}$
27.	$3.1 =$	$\frac{}{10}$
28.	$3.2 =$	$\frac{}{10}$
29.	$3.6 =$	$\frac{}{10}$
30.	$1.6 =$	$\frac{}{10}$
31.	$2.6 =$	$\frac{}{10}$
32.	$4.2 =$	$\frac{}{10}$
33.	$2.5 =$	$\frac{}{10}$
34.	$3\frac{4}{10} =$	.
35.	$\frac{50}{10} =$	.
36.	$1.7 =$	$\frac{}{10}$
37.	$4\frac{3}{10} =$	.
38.	$\frac{20}{10} =$	.
39.	$4.6 =$	$\frac{}{10}$
40.	$2\frac{4}{10} =$	.
41.	$\frac{40}{10} =$	.
42.	$2.3 =$	$\frac{}{10}$
43.	$\frac{30}{10} =$	.
44.	$4.1 =$	$\frac{}{10}$

A

单位的故事　　　　　　　　　　　　　　　　　　　　　第8课冲刺练习　4•6

正确数字：_____

写出分数和小数。

#				#		
1.	$\frac{3}{10} =$	.		23.	$2 + \frac{1}{10} + \frac{6}{100} =$	.
2.	$\frac{3}{100} =$	.		24.	$2 + 0.1 + 0.06 =$	.
3.	$\frac{23}{100} =$	.		25.	$3 + 0.1 + 0.06 =$	.
4.	$1\frac{23}{100} =$	.		26.	$3 + 0.1 + 0.04 =$	.
5.	$4\frac{23}{100} =$	.		27.	$3 + 0.5 + 0.04 =$	.
6.	$0.07 =$	—		28.	$2 + 0.3 + 0.08 =$	.
7.	$1.07 =$	—		29.	$2 + 0.08 =$	.
8.	$0.7 =$	—		30.	$1 + 0.3 =$	.
9.	$1.7 =$	—		31.	$10 + 0.3 =$	.
10.	$1.74 =$	—		32.	$1 + 0.4 + 0.06 =$	.
11.	$\frac{4}{100} =$	.		33.	$10 + 0.4 + 0.06 =$	.
12.	$0.6 =$	—		34.	$30 + 0.7 + 0.02 =$	.
13.	$\frac{7}{100} =$	.		35.	$2 + \frac{3}{10} + 0.05 =$	.
14.	$0.02 =$	—		36.	$4 + 0.5 + \frac{3}{100} =$	.
15.	$\frac{9}{100} =$	.		37.	$4 + \frac{3}{100} + 0.5 =$	.
16.	$\frac{10}{100} =$	.		38.	$0.5 + \frac{3}{100} + 4 =$	.
17.	$\frac{10}{100} + \frac{2}{100} =$	.		39.	$20 + 0.8 + 0.01 =$	.
18.	$\frac{1}{10} + \frac{2}{100} =$	.		40.	$4 + \frac{9}{100} + \frac{2}{10} =$	.
19.	$\frac{1}{10} + \frac{3}{100} =$	.		41.	$0.04 + 2 + 0.7 =$	—
20.	$\frac{1}{10} + \frac{4}{100} =$	.		42.	$\frac{6}{10} + 8 + \frac{2}{100} =$	.
21.	$\frac{1}{10} + \frac{9}{100} =$	.		43.	$\frac{5}{100} + 8 + 0.9 =$	—
22.	$3 + \frac{1}{10} + \frac{9}{100} =$	.		44.	$0.9 + 10 + \frac{4}{100} =$	.

第8课：　使用分数等值理解,在一个有不同单位的数位表上查看小数数字。

B

写出分数和小数。

正确数字: _____

提高: _____

#	Problem	Answer
1.	$\frac{1}{10} =$	.
2.	$\frac{2}{10} =$	.
3.	$\frac{3}{10} =$	.
4.	$\frac{7}{10} =$	.
5.	$\frac{5}{10} =$	.
6.	$0.2 =$	—
7.	$0.3 =$	—
8.	$0.4 =$	—
9.	$0.8 =$	—
10.	$0.6 =$	—
11.	$\frac{4}{10} =$	.
12.	$0.9 =$	—
13.	$\frac{6}{10} =$	.
14.	$0.5 =$	—
15.	$\frac{9}{10} =$	.
16.	$\frac{10}{10} =$	.
17.	$\frac{11}{10} =$	.
18.	$\frac{12}{10} =$	.
19.	$\frac{17}{10} =$	.
20.	$\frac{27}{10} =$	.
21.	$\frac{47}{10} =$	.
22.	$\frac{34}{10} =$	.

#	Problem	Answer
23.	$2 + \frac{1}{10} + \frac{4}{100} =$	.
24.	$2 + 0.1 + 0.04 =$	.
25.	$3 + 0.1 + 0.04 =$	.
26.	$3 + 0.1 + 0.06 =$	.
27.	$3 + 0.5 + 0.06 =$	.
28.	$2 + 0.4 + 0.09 =$	.
29.	$2 + 0.06 =$	.
30.	$1 + 0.5 =$	.
31.	$10 + 0.5 =$	.
32.	$1 + 0.2 + 0.04 =$	.
33.	$10 + 0.2 + 0.04 =$	.
34.	$30 + 0.9 + 0.06 =$	.
35.	$2 + \frac{5}{10} + 0.07 =$	.
36.	$4 + 0.7 + \frac{5}{100} =$	.
37.	$4 + \frac{5}{100} + 0.7 =$	.
38.	$0.7 + \frac{5}{100} + 4 =$	.
39.	$20 + 0.6 + 0.01 =$	.
40.	$6 + \frac{7}{100} + \frac{4}{10} =$	.
41.	$0.06 + 2 + 0.9 =$	—
42.	$\frac{8}{10} + 6 + \frac{4}{100} =$	.
43.	$\frac{3}{100} + 8 + 0.7 =$	—
44.	$0.7 + 10 + \frac{6}{100} =$	.

第8课: 使用分数等值理解,在一个有不同单位的数位表上查看小数数字。

A

正确数字：_____

小数加法

1.	$\frac{1}{10} =$	.	23.	$\frac{2}{10} =$	.
2.	$\frac{1}{100} =$	.	24.	$\frac{20}{100} =$	.
3.	$\frac{1}{10} + \frac{1}{100} =$	.	25.	$\frac{2}{10} + \frac{20}{100} =$	.
4.	$\frac{3}{10} =$	.	26.	$\frac{3}{10} =$	.
5.	$\frac{3}{100} =$	.	27.	$\frac{30}{100} =$	.
6.	$\frac{3}{10} + \frac{3}{100} =$	.	28.	$\frac{3}{10} + \frac{30}{100} =$	.
7.	$\frac{5}{10} =$	.	29.	$\frac{5}{10} + \frac{20}{100} =$	.
8.	$\frac{5}{100} =$	.	30.	$\frac{8}{10} + \frac{10}{100} =$	.
9.	$\frac{5}{10} + \frac{5}{100} =$	.	31.	$\frac{8}{10} + \frac{20}{100} =$	.
10.	$\frac{7}{10} =$	.	32.	$\frac{8}{10} + \frac{30}{100} =$	.
11.	$\frac{9}{100} =$	.	33.	$\frac{8}{10} + \frac{50}{100} =$	.
12.	$\frac{7}{10} + \frac{9}{100} =$	.	34.	$\frac{9}{10} + \frac{40}{100} =$	.
13.	$\frac{9}{100} + \frac{7}{10} =$	.	35.	$\frac{9}{10} + \frac{47}{100} =$	.
14.	$\frac{4}{10} =$	.	36.	$\frac{7}{10} + \frac{50}{100} =$	.
15.	$\frac{6}{100} =$	.	37.	$\frac{7}{10} + \frac{59}{100} =$	.
16.	$\frac{4}{10} + \frac{6}{100} =$	.	38.	$\frac{6}{10} + \frac{60}{100} =$	.
17.	$\frac{4}{100} + \frac{6}{10} =$	.	39.	$\frac{6}{10} + \frac{64}{100} =$	.
18.	$\frac{8}{10} + \frac{5}{100} =$	.	40.	$\frac{65}{100} + \frac{6}{10} =$	.
19.	$\frac{9}{10} + \frac{2}{100} =$	.	41.	$\frac{91}{100} + \frac{7}{10} =$	.
20.	$\frac{1}{100} + \frac{8}{10} =$	.	42.	$\frac{8}{10} + \frac{73}{100} =$	.
21.	$\frac{4}{100} + \frac{1}{10} =$	.	43.	$\frac{9}{10} + \frac{82}{100} =$	.
22.	$\frac{7}{100} + \frac{4}{10} =$	.	44.	$\frac{98}{100} + \frac{9}{10} =$	.

第 16 课： 解决涉及金额的文字题。

B

小数加法

正确数字：_____

提高：_____

1.	$\frac{2}{10} =$	.	23.	$\frac{1}{10} =$	.
2.	$\frac{2}{100} =$	.	24.	$\frac{10}{100} =$	.
3.	$\frac{2}{10} + \frac{2}{100} =$	.	25.	$\frac{1}{10} + \frac{10}{100} =$	.
4.	$\frac{4}{10} =$	.	26.	$\frac{4}{10} =$	.
5.	$\frac{4}{100} =$	.	27.	$\frac{40}{100} =$	.
6.	$\frac{4}{10} + \frac{4}{100} =$	.	28.	$\frac{4}{10} + \frac{40}{100} =$	.
7.	$\frac{6}{10} =$	.	29.	$\frac{5}{10} + \frac{30}{100} =$	.
8.	$\frac{6}{100} =$	.	30.	$\frac{7}{10} + \frac{20}{100} =$	.
9.	$\frac{6}{10} + \frac{6}{100} =$	.	31.	$\frac{7}{10} + \frac{30}{100} =$	.
10.	$\frac{4}{10} =$	.	32.	$\frac{7}{10} + \frac{40}{100} =$	.
11.	$\frac{8}{100} =$	.	33.	$\frac{7}{10} + \frac{60}{100} =$	.
12.	$\frac{4}{10} + \frac{8}{100} =$	.	34.	$\frac{9}{10} + \frac{30}{100} =$	.
13.	$\frac{8}{100} + \frac{4}{10} =$	.	35.	$\frac{9}{10} + \frac{37}{100} =$	.
14.	$\frac{5}{10} =$	.	36.	$\frac{8}{10} + \frac{40}{100} =$	.
15.	$\frac{7}{100} =$	.	37.	$\frac{8}{10} + \frac{49}{100} =$	.
16.	$\frac{5}{10} + \frac{7}{100} =$	.	38.	$\frac{7}{10} + \frac{70}{100} =$	.
17.	$\frac{7}{100} + \frac{5}{10} =$	.	39.	$\frac{7}{10} + \frac{76}{100} =$	.
18.	$\frac{9}{10} + \frac{6}{100} =$	.	40.	$\frac{78}{100} + \frac{7}{10} =$	.
19.	$\frac{8}{10} + \frac{3}{100} =$	.	41.	$\frac{81}{100} + \frac{7}{10} =$	.
20.	$\frac{1}{100} + \frac{7}{10} =$	.	42.	$\frac{9}{10} + \frac{73}{100} =$	.
21.	$\frac{3}{100} + \frac{1}{10} =$	.	43.	$\frac{9}{10} + \frac{84}{100} =$	.
22.	$\frac{8}{100} + \frac{3}{10} =$	.	44.	$\frac{84}{100} + \frac{8}{10} =$	.

第 16 课： 解决涉及金额的文字题。

四年级

模块 7

A

单位的故事 — 第1课冲刺练习 4·7

数字正确：_____

转换为元

1.	1 美分 =	$ 0.
2.	2 美分 =	
3.	3 美分 =	
4.	8 美分 =	
5.	80 美分 =	
6.	70 美分 =	
7.	60 美分 =	
8.	20 美分 =	
9.	1 美分 =	
10.	1 角钱 =	
11.	2 美分 =	
12.	2 角钱 =	
13.	3 美分 =	
14.	3 角钱 =	
15.	9 角钱 =	
16.	7 美分 =	
17.	8 角钱 =	
18.	4 美分 =	
19.	6 角钱 =	
20.	8 美分 =	
21.	7 角钱 =	
22.	9 美分 =	

23.	6 美分 =	
24.	5 角钱 =	
25.	5 美分 =	
26.	1 角钱 1 美分 =	
27.	1 角钱 2 美分 =	
28.	1 角钱 7 美分 =	
29.	4 角钱 5 美分 =	
30.	6 角钱 3 美分 =	
31.	3 美分 6 角钱 =	
32.	7 美分 9 角钱 =	
33.	1 个 25 美分 =	
34.	2 个 25 美分 =	
35.	3 个 25 美分 =	
36.	2 个 25 美分加 3 美分 =	
37.	1 个 25 美分加 3 美分 =	
38.	3 个 25 美分加 3 美分 =	
39.	2 个 25 美分 2 角钱 =	
40.	1 个 25 美分 1 角钱 =	
41.	3 个 25 美分 1 角钱 =	
42.	1 个 25 美分 4 角钱 =	
43.	3 个 25 美分 2 角钱 =	
44.	3 个 25 美分加 18 美分 =	

第1课：使用测量工具来创建长度、重量和容量单位的换算表，并使用这些图表来解题。

B

单位的故事 — 第1课冲刺练习 4•7

数字正确: _____

提高: _____

转换为元

1.	2 美分 =	$ 0.
2.	3 美分 =	
3.	4 美分 =	
4.	9 美分 =	
5.	90 美分 =	
6.	80 美分 =	
7.	70 美分 =	
8.	30 美分 =	
9.	1 美分 =	
10.	1 角钱 =	
11.	2 美分 =	
12.	2 角钱 =	
13.	3 美分 =	
14.	3 角钱 =	
15.	8 角钱 =	
16.	6 美分 =	
17.	7 角钱 =	
18.	9 美分 =	
19.	5 角钱 =	
20.	7 美分 =	
21.	9 角钱 =	
22.	8 美分 =	

23.	5 美分 =	
24.	6 角钱 =	
25.	4 美分 =	
26.	1 角钱 1 美分 =	
27.	1 角钱 2 美分 =	
28.	1 角钱 8 美分 =	
29.	5 角钱 4 美分 =	
30.	7 角钱 4 美分 =	
31.	4 美分 7 角钱 =	
32.	6 美分 8 角钱 =	
33.	1 个 25 美分 =	
34.	2 个 25 美分 =	
35.	3 个 25 美分 =	
36.	2 个 25 美分加 4 美分 =	
37.	1 个 25 美分加 4 美分 =	
38.	3 个 25 美分加 4 美分 =	
39.	2 个 25 美分 3 角钱 =	
40.	1 个 25 美分 2 角钱 =	
41.	3 个 25 美分 2 角钱 =	
42.	1 个 25 美分 5 角钱 =	
43.	3 个 25 美分 1 角钱 =	
44.	3 个 25 美分加 19 美分 =	

第1课: 使用测量工具来创建长度、重量和容量单位的换算表,并使用这些图表来解题。

姓名 _____   日期 _____

练习集 A 第 1 部分：多位数加数熟练度

1.
```
    8, 1 4 9
+   7, 2 6 4
```

2.
```
    4 2, 6 0 9
+       8, 6 8 5
```

3.
```
    3 9, 5 6 3
+   4 8, 4 3 8
```

4.
```
    6 5 8, 1 9 9
+       2 5, 6 7 5
```

5.
```
    4 4 5, 9 7 6
+       3 7, 4 1 5
```

6.
```
    4 3 8, 6 1 7
+   4 9 3, 8 5 9
```

练习集 A 第 2 部分：多位数加数熟练度

1.
```
    9, 2 0 2
+   6, 2 1 1
```

2.
```
    4 2, 7 7 4
+       8, 5 2 0
```

3.
```
    5 3, 5 4 5
+   3 4, 4 5 6
```

4.
```
    6 0 4, 7 5 4
+       7 9, 1 2 0
```

5.
```
    4 5 4, 3 1 5
+       2 9, 0 7 6
```

6.
```
    1 1 0, 7 2 8
+   8 2 1, 7 4 8
```

单位的故事　　　　　　　　　　　　　　　　　　　　　第 2 课 核心熟练度练习集 B　4•7

姓名 _____　　日期 _____

练习集 B 第 1 部分：多位数减数熟练度

1.
```
    7, 7 3 9
 -  5, 5 4 6
 _____
```

2.
```
   2 3, 1 4 5
 -    5, 1 2 9
 _____
```

3.
```
   7 1, 3 7 8
 - 6 1, 8 7 6
 _____
```

4.
```
   4 7 9, 5 4 1
 -   7 8, 8 5 6
 _____
```

练习集 B 第 2 部分：多位数减数熟练度

1.
```
    7, 6 9 9
 -  5, 5 0 6
 _____
```

2.
```
   1 9, 1 4 5
 -    1, 1 2 9
 _____
```

3.
```
   7 1, 8 7 8
 - 6 2, 3 7 6
 _____
```

4.
```
   4 7 9, 4 9 7
 -   7 8, 8 1 2
 _____
```

第 2 课：　使用测量工具来创建长度、重量和容量单位的换算表，并使用这些图表来解题。

姓名 _____ 日期 _____

练习集 C 第 1 部分：多位数零减数熟练度

1.
```
    7, 8 9 0
  − 5, 4 7 2
```

2.
```
   2 8, 0 0 1
  −    5, 8 5 3
```

3.
```
   6 0, 4 0 7
  − 3 5, 3 4 4
```

4.
```
   4 0 0, 0 6 9
  −    2 4, 3 6 2
```

练习集 C 第 2 部分：多位数零减数熟练度

1.
```
    7, 8 9 0
  − 5, 4 7 2
```

2.
```
   2 8, 6 0 9
  −    6, 4 6 1
```

3.
```
   6 0, 4 9 7
  − 3 5, 4 3 4
```

4.
```
   4 0 0, 8 6 9
  −    2 5, 1 6 2
```

第 2 课： 使用测量工具来创建长度、重量和容量单位的换算表，并使用这些图表来解题。

姓名 _____ 日期 _____

练习集 D 第 1 部分：多位数加减数熟练度

1.
```
    9, 3 2 7
+   9, 6 6 4
```

2.
```
  3 9, 4 6 3
- 3 8, 9 3 8
```

3.
```
  7 5 8, 1 9 4
+     3 5, 4 7 8
```

4.
```
  8 3 9, 0 1 4
-    2 7, 0 7 5
```

5.
```
  4 3 8, 6 1 5
+ 1 9 3, 9 7 9
```

6.
```
  9 6 0, 0 4 3
- 3 6 8, 9 7 2
```

练习集 D 第 2 部分：多位数加减数熟练度

1.
```
    9, 6 3 0
+   9, 3 6 1
```

2.
```
  3 4, 4 7 8
- 3 3, 9 5 3
```

3.
```
  7 5 4, 4 5 4
+    3 9, 2 1 8
```

4.
```
  8 3 9, 0 9 9
-    2 7, 1 6 0
```

5.
```
  1 0 8, 2 1 5
+ 5 2 4, 3 7 9
```

6.
```
  9 5 9, 9 4 3
- 3 6 8, 8 7 2
```

A

单位的故事 　　　　　　　　　　　　　　　　　　　　　正确的数字：_____

转换长度单位

1.	1 千米 =	米		23.	6 千米 =	米
2.	2 千米 =	米		24.	5 米 =	厘米
3.	3 千米 =	米		25.	7 米 =	厘米
4.	7 千米 =	米		26.	4 米 =	厘米
5.	5 千米 =	米		27.	8 米 =	厘米
6.	1 米 =	厘米		28.	4 码 =	英尺
7.	2 米 =	厘米		29.	8 码 =	英尺
8.	3 米 =	厘米		30.	6 码 =	英尺
9.	9 米 =	厘米		31.	9 码 =	英尺
10.	6 米 =	厘米		32.	5 英尺 =	英寸
11.	1 码 =	英尺		33.	6 英尺 =	英寸
12.	2 码 =	英尺		34.	1,000 米 =	千米
13.	3 码 =	英尺		35.	8,000 米 =	千米
14.	10 码 =	英尺		36.	100 厘米 =	米
15.	5 码 =	英尺		37.	600 厘米 =	米
16.	1 英尺 =	英寸		38.	3 英尺 =	码
17.	2 英尺 =	英寸		39.	24 英尺 =	码
18.	3 英尺 =	英寸		40.	12 英寸 =	英尺
19.	10 英尺 =	英寸		41.	72 英寸 =	英尺
20.	4 英尺 =	英寸		42.	8 英尺 =	英寸
21.	9 千米 =	米		43.	84 英寸 =	英尺
22.	4 千米 =	米		44.	9 英尺 =	英寸

第 5 课：　　分享并评论同学的策略。

B

转换长度单位

正确的数字：_____

提高：_____

1.	1 米 =	厘米		23.	6 米 =	厘米
2.	2 米 =	厘米		24.	5 千米 =	米
3.	3 米 =	厘米		25.	7 千米 =	米
4.	7 米 =	厘米		26.	4 千米 =	米
5.	5 米 =	厘米		27.	8 千米 =	米
6.	1 千米 =	米		28.	6 码 =	英尺
7.	2 千米 =	米		29.	9 码 =	英尺
8.	3 千米 =	米		30.	4 码 =	英尺
9.	9 千米 =	米		31.	8 码 =	英尺
10.	6 千米 =	米		32.	5 英尺 =	英寸
11.	1 码 =	英尺		33.	6 英尺 =	英寸
12.	2 码 =	英尺		34.	100 厘米 =	米
13.	3 码 =	英尺		35.	800 厘米 =	米
14.	5 码 =	英尺		36.	1,000 米 =	千米
15.	10 码 =	英尺		37.	6,000 米 =	千米
16.	1 英尺 =	英寸		38.	3 英尺 =	码
17.	2 英尺 =	英寸		39.	27 英尺 =	码
18.	3 英尺 =	英寸		40.	12 英寸 =	英尺
19.	10 英尺 =	英寸		41.	84 英寸 =	英尺
20.	4 英尺 =	英寸		42.	9 英尺 =	英寸
21.	9 米 =	厘米		43.	72 英寸 =	英尺
22.	4 米 =	厘米		44.	8 英尺 =	英寸

第 5 课: 分享并评论同学的策略。

鸣谢

Great Minds®竭尽全力获得转载所有版权教材的许可。如对任何版权材料的拥有人未在此致谢，请联系Great Minds，以在未来的版本以及本模块的转载中获得正确的致谢。

Printed by Libri Plureos GmbH in Hamburg, Germany